GUANGDONGSHENG SHENGTAI
JINGGUAN LINDAI ZHIWU XUANZE ZHIYIN

广东省生态景观林带植物选择指引

肖智慧　吴焕忠　邓鉴锋　战国强　主　编
陈传国　华国栋　江运仁　刘周全　副主编
庄雪影　主　审

中国林业出版社

图书在版编目（CIP）数据

广东省生态景观林带植物选择指引 / 肖智慧等 主编.
-- 北京 : 中国林业出版社，2011.12
ISBN 978-7-5038-6396-7

Ⅰ. ①广… Ⅱ. ①肖… Ⅲ. ①园林植物-广东省
Ⅳ. ① S68

中国版本图书馆 CIP 数据核字（2011）第 235095 号

责任编辑：于界芬
装帧设计：曹　来

出　版：中国林业出版社
（100009　北京西城区德内大街刘海胡同 7 号）
网　址：lycb.forestry.gov.cn
电　话：(010) 83224477
发　行：新华书店北京发行所
印　刷：北京中科印刷有限公司
版　次：2011 年 12 月第 1 版
印　次：2011 年 12 月第 1 次
开　本：787mm × 1092mm　1/16
印　张：21.5
字　数：497 千字
定　价：186.00 元

序言

POREWORD

幸福广东，应当是生态优美的广东！

南粤大地探寻绿色发展、生态革命的脚步未曾停歇。20 世纪 80 年代以来，伴随着经济高速增长，广东加速森林生态建设，通过实施“十年绿化广东”、“林业分类经营”、“林业二次创业”、创建林业生态县、建设林业生态省以及科学发展生态、民生、文化、创新、和谐“五个林业”等战略举措，在生态构建、产业发展、农民增收、林业综合改革等方面取得了显著成效。目前，全省林业用地面积 1.65 亿亩*，森林面积 1.49 亿亩，森林覆盖率 57%，森林蓄积量 4.39 亿 m^3，森林生态效益总值达 8818 亿元。全省生态状况持续优化，人居环境明显改善，为推动经济社会科学发展，建设幸福广东打下了坚实基础。

2011 年 8 月，中共中央总书记、国家主席、中央军委主席胡锦涛同志视察广东，明确要求广东“加强重点生态工程建设，构筑以珠江水系、沿海重要绿化带和北部连绵山体为主要框架的区域生态安全体系，真正走向生产发展、生活富裕、生态良好的文明发展道路”。中共中央政治局委员、省委书记汪洋同志进一步强调，加强林业生态建设，构筑区域生态安全体系。胡锦涛总书记的重要讲话和汪洋书记的重要指示，为我省林业发展立足新起点、把握新趋势、建立新机制、增创新优势指明了方向，注入了强大动力。

省委、省政府审时度势，高瞻远瞩，主动适应广大人民群众对生态产品日益增长的迫切需求，敏锐把握森林生态景观建设相对滞后的瓶颈制约，充分发挥林业对维护区域生态安全和提升可持续发展水平的独特作用，在“十二五”开局之年作出了建设生态景观林带、构建区域生态安全体系的战略决策，在全省统一规划建设 23 条共 10000km 的生态景观林带，力争 3 年初见成效，6 年基本成带，9 年完成各项指标任务。广东将通过建设“结构优、健康好、景观美、功能强、效益高”的生态景观林带，努力打造全国最好的林相，为建设幸福广东培养幸福“基因”。

---

*1 亩=0.0667 公顷。

生态景观林带建设是一项重要的生态工程，更是一项难度很大的创新工程。创新举措需要有科学的指引。广东地域辽阔，森林植被多种多样，树种组成复杂，生态景观林带建设标准高、难度大、类型多样、涉及面广，急需能够引导全省各地进行树种选择与配置的建设指引。为此，省绿委、省林业厅组织编写了《广东省生态景观林带植物选择指引》一书，集中收录了广东省乃至华南地区广泛使用的以观花、观叶、观果和观茎为主的植物，每种植物均列出中文名、学名、别名、科名、形态特征、产地分布、适生区域、生长习性、观赏特性、生态功能和建设用途，书后附有植物的花色、花期和果期表以及植物中文名称索引和学名索引，文字简洁、图文并茂，便于查阅。该书的出版，主要供广东省生态景观林带的建设者、林业主管部门的决策者使用，也可为园林绿化工作者、植物爱好者和从事林业、园林的专业人士提供参考，对指导全省各地建设生态景观林带，推动广东大地绿化美化生态化具有十分重要的指导意义。

借为该书作序之机，衷心感谢为广东林业建设付出辛勤劳动的各界人士，祝愿广东省生态景观林带扎实建设、如期建成，在南粤大地形成一道道独特亮丽的风景带、山区百姓的致富带、野生动物的生命带、人与自然的和谐带。

让我们共同携手，在维护区域生态安全、弘扬生态文明、建设幸福广东的征程上再出发，在广东大地掀起新一轮的绿色革命！

广东省林业厅厅长 张育文

2011年12月2日

前 言

PREFACE

生态景观林带建设，是在北部连绵山体、主要江河沿江两岸、沿海海岸及交通主干线两侧一定范围内，营建具有多层次、多树种、多色彩、多功能、多效益的森林绿化带。生态景观林带是重要的景观资源和生态屏障，是展示区域形象的重要载体。建设生态景观林带是有力推动林业科学发展的重要抓手，是深入推进宜居城乡建设的根本需要，是实施绿色发展战略、应对气候变化的重要手段，是维护国土生态安全、增强防灾减灾能力的重要途径，也是“加快转型升级、建设幸福广东”不可或缺的内容。

广东是全国光、热、水以及种质资源最丰富的地区之一，优越的自然条件和丰富多样的乡土树种为全面提升森林质量、完善森林生态体系提供了良好的基础条件。据不完全统计，广东野生植物有5000多种，已知用途和可利用的植物有2500余种，其中不乏大量的观赏价值很高的乡土阔叶树种，为生态景观林带建设的植物选择提供了广阔的空间。

为了更好地贯彻落实省政府《关于建设生态景观林带 构建区域生态安全体系的意见》(粤府〔2011〕101号）文件的指示精神，确保《广东省生态景观林带建设规划（2011-2020年)》的顺利实施，提高生态景观林带建设的科学性与前瞻性并实现可持续发展，依据广东现有丰富多样的植物资源，通过反复比对、筛选，共选择了159种乔、灌、草植物，汇总编写《广东省生态景观林带植物选择指引》一书，为生态景观林带建设和管理提供参考。

本书共分上、下篇。上篇重点介绍生态景观林带植物选择，共分为四节：第一节介绍生态景观林带的建设思路，包括基本内涵、建设原则、建设方式、建设方法、建设类型和建设任务；第二节提出生态景观林带植物选择的基本要求；第三节阐述生态景观林带选择植物的特点、习性分类；第四节阐述不同生态景观林带建设类型如何进行植物选择。下篇重点介绍生态景观林带建设常用的159种植物的基本情况，列出其中文名、学名、别名、科名、形态特征、产地分布、适生区域、生长习性、观赏特性、生态功能和建设用途。书后还附有植物的花色、花期和果期表以及植物中文名称索引和学名索引，便于读者查阅。

本书文字简洁、图文并茂，力图给读者直观、感性的认识，达到认知、运用的目的。本书的出版主要是为广东省生态景观林带建设的工作者、林业主管部门的决策者提供借鉴，也可为园林绿化工作者、植物收集爱好者和从事林业、园林工作的专业人士参考。

本书的编者为广东省生态景观林带植物资料的积累和照片的拍摄收集，付出了艰辛的劳动，终于有所收获。能为全省生态景观林带建设奉献微薄之力，编委会同仁深感由衷的欣慰。本书在编写过程中，得到了广东省林业厅以及各级林业主管部门领导的亲切关怀和支持；同时，还得到了华南农业大学林学院庄雪影教授的大力协助，为本书审稿；陈红跃教授和园林植物与观赏园艺硕士研究生陈华平、黄水生、郜春丽、赵宝玉、李薇以及佛山市南海区林业技术推广总站顾问方卓林高级工程师，为本书提供了很多宝贵的植物照片。在此，谨向为本书的出版作出贡献的单位和个人表示衷心的感谢！

由于编写时间仓促，加之水平有限，书中疏漏甚至错误之处在所难免，恳请专家同行批评指正。

编　者

2011年12月

目 录
CONTENTS

上篇

生态景观林带植物选择总论 SHANGPIAN

SHENGTAI JINGGUAN LINDAI ZHIWU ZONGLUN

第一节 生态景观林带建设的基本思路

一、生态景观林带的基本内涵

（一）概念和构成

生态景观林带是指在广东北部连绵山体、主要江河沿江两岸、沿海海岸及交通主干线两侧一定范围内，营建具有多层次、多树种、多色彩、多功能、多效益的森林绿化带。通过生态景观林带建设，有效改善我省部分路（河）段的疏残林相和单一林分构成，串联起破碎化的森林斑块和绿化带，形成覆盖广泛的森林景观廊道网络，大力增强以森林为主体的自然生态空间的连通性和观赏性，构建区域生态安全体系。

生态景观林带由林带绿化、山地绿化和景观节点等组成。

1. 林带绿化

指呈线状分布的林带绿化，包括高速公路、铁路、国道、省道等交通主干道两侧20 ～ 50m林带和沿海基干林带。

2. 山地绿化

指呈面状或块状分布的山地绿化，包括高速公路、铁路、国道、省道等交通主干道和江河两侧（岸）1km内可视范围林（山）地。

3. 景观节点

指呈点状分布的绿化景观节点，包括省际出入口、城市出入口、城镇村居、收费站、立交互通、森林公园、湿地公园等节点。

（二）生态景观林带的功能

生态景观林带建设与一般道路绿化最大的区别在于规模层次性，两者有很大差距。生态景观林带是将道路绿化、道路防护林带、自然森林植被进行统一规划、有效整合，注重统筹发展，突出发挥森林的综合功能和效益。它具有以下功能：

1. 突出林业转型发展功能

建设生态景观林带，是进一步优化广东森林结构、提升森林质量的切入点和突破口。通过补植套种、林分改造、封育管护等措施，改变中幼林多，近、成、过熟林少；纯林多，混交林少；针叶林多，阔叶林少；单层林多，复层林少；低效林多，优质林少；沿线桉树多，乡土树种少的现状，推动森林资源增长从量的扩张向质的提升转变，更好地完成林业生态建设优化提升阶段的目标任务，完成建设全国最好林相、构建区域生态安全体系的任务。

2. 突出改善生态环境功能

坚持“生态第一”的原则，通过生态景观林带建设，构建大规模的生态缓冲带和防护带，进一步增强广东森林的生态防护功能。在江河两岸、大中型水库周围大力营造水土保持林和水源涵养林，充分发挥其调节气候、保持水土、涵养水源、净化水质等作用。打通森林斑块连接，为野生动物提供栖息地和迁徙走廊，促进物种多样性的保护。结合千里海堤加固达标工程建设，加强红树林、沿海滩涂湿地的保护、营造和恢复，构筑沿海绿色生态屏障。结合低碳示范省建设，大力发展碳汇林业，充分发挥森林间接减排、应对气候变化的重要性。

3. 突出防灾减灾安全功能

通过优化全省路（河）段两侧及海岸沿线森林群落结构，完善以公路河道防护林和海岸基干林带为基本骨架的森林抗灾体系建设。在增强森林自身抵抗病虫害能力的同时，提升防洪护岸、防风固堤和抵御山洪、风暴潮等自然灾害的能力，有效防范沿线山体滑坡、水土流失等灾害发生，从根本上治理和减少各类自然灾害，维护区域国土生态安全。

4. 突出建设宜居城乡功能

生态优美是建设幸福广东的重要内容。建设高标准、高质量的生态景观林带，是建设宜居家园不可分割的基础支撑。结合名镇名村示范村建设、珠三角地区绿道网建设、万村绿大行动等，优化城市森林生态系统，完善农村森林生态系统，建立城乡森林系统的自然连接廊道，建成森林、湿地、田园等多层次、多色彩的景观，有效改善城乡生产生活环境，进一步提高宜居水平。

5. 突出区域形象展示功能

陆路、水路交通干线和海岸沿线是客流、物流的集中地，是社会各界了解广东的重要窗口。突出抓好重要国道、省道以及省际出入口、交通环岛、风景名胜区等重要节点的景观林带建设，注重从形成景观的角度，营建具有地方特色树种和花色（叶）树种，形成全年常绿、四季有花的特色景观带，增强林带的观赏性和视觉冲击力，充分展示各地林业生态文明建设的成果，树立各地全面协调可持续的综合发展形象。

6. 突出多元多维发展功能

生态景观林带建设不是单纯的林业生态工程，还要与旅游、科普、文化等工作有机结合。通过打造地方绿化美化生态化品牌，建设进入式林地和配套游览通道、林间小品等，形成生态旅游的新的增长点。通过林带建设连通沿线的自然景观、人文景点，更有效地传承自然和历史文化。选择有条件的绿化带建设林业宣传科教基地，推广现代林业文化和生态文明，进一步促进有利于可持续发展的生产生活方式形成。

生态景观林带建设是新形势下广东林业生态建设勇于探索、敢为人先的一次伟大实践，顺应了时代发展的潮流，符合当前社会经济发展对林业发展提出的现实要求。推进生态景观林带建设，提高森林质量，不仅是建设幸福广东的重要举措、推进绿化美化生态化的有效途径，也是进一步改善城乡生态环境、减少各类生态灾害、维护国土生态安全的具体行动。

二、生态景观林带的建设原则

广东生态景观林带规划范围为全省主要的高速公路、铁路、江河流域两岸和海岸沿线，共涉及21个地级市100个市、县（区）。建设遵循以下原则：

（一）因地制宜，突出特色

充分利用当地的资源禀赋，以当地特色树种、花（叶）色树种为主题树种，以乡土阔叶树种为基调树种，坚持生态化、乡土化，注重恢复和保护地带性森林植被群落，不搞“一刀切”的形象工程。

（二）依据现有，整合资源

生态景观林带建设要在现有林带基础上进行优化提升，在绿化基础上进行美化生态化。注重与沿线的湿地、农田、果园、村舍等原有生态景观相衔接，注重与各地防护林、经济林、绿道网等建设统筹实施，充分实现各种生态建设项目的整体效益。

（三）科学规划，统筹发展

既要坚持以市、县为主体进行建设，又要坚持规划先行和全省一盘棋，对跨区域的路段、河段、海岸线绿化美化生态化进行统一布局规划，保证建设工程的有序衔接和生态景观的整体协调。

（四）政府主导，社会共建

突出各级政府的主导作用，由属地政府统筹安排生态景观林带建设，建立完善部门联动工作机制，积极动员社会力量共同参与，形成共建共享的良好氛围。

三、生态景观林带的建设方法和类型

（一）建设方法

根据广东自然生态、交通、城镇和景区景点布局等资源要素，全面整合山地森林、四旁绿化、平原与水系防护林、城市森林、城镇村庄人居森林以及湿地、田园等多种资源，采用“线、点、面”相结合的方法，构建立体、复合的生态景观林带。“线”是指将交通主干道两侧 20 ～ 50m 林带和沿海海岸基干林带作为主线，建成各具特色、景观优美的生态景观长廊；“点”是指将沿线分布的城镇村居、景区景点、服务区、车站、收费站、互通立交等景观节点进行绿化美化园林化，形成连串的景观亮点；“面”是指将高速公路、铁路和江河两岸 1km 可视范围内的林地纳入建设范围，改造提升森林和景观质量，形成主题突出和具有区域特色的森林生态景观，增强区域生态安全功能。

生态景观林带建设要以现有的绿化和森林为基础，主要采取以下的营林方式进行：一是在宜林荒山荒地、采伐迹地、闲置地、裸露地进行人工造林；二是对疏林地、残次林进行补植套种；三是对已经绿化但景观效果不理想的林分进行改造提升；四是对景观效果较好的林分进行封育管护。现分述如下：

1. 人工造林

人工造林是指按照规划主题的总体要求，采用植苗方法，对各种类型生态景观林带一定范围内的林木受损严重的林地或采伐迹地、火烧迹地、其他无立木林地、宜林荒山荒地、宜林沙荒地和其他土地等重新造林，恢复森林植被和森林景观的过程。

2. 补植套种

补植套种是指按照规划主题的总体要求，采用补植的方法，对各种类型生态景观林带一定范围内的疏林地、残次林和郁闭度小于 0.4 的有林地，补植花色树种、叶色树种或其它树种，增加密度，改善林分组成和结构，提高森林景观质量。

3. 改造提升

改造提升是指按照规划主题的总体要求，采用套种、疏伐、皆伐等方法，对各种类型生态景观林带一定范围内已经造林绿化但景观效果不理想的有林地进行改造提升，营建各具特色的优美森林景观。

4. 封育管护

封育管护是指对各种类型生态景观林带一定范围内达到规划主题的总体要求的有林地，以及森林景观较好的常绿阔叶次生林、针阔混交林，采取严格的保护措施，维持其自然的森林景观状况。

（二）建设类型

根据广东的实际条件，珠江三角洲地区要注重建设城乡一体连片大色块特色的森林生态景观，粤北地区要注重建设具有山区特色的森林生态景观，粤东、粤西地区要注重建设海岸防护特色的森林生态景观，整体优化提升广东省生态景观质量和安全防护功能。具体建设类型分为 3 种：

1. 交通主干道生态景观林带

由三部分构成：道路用地绿化，隔离网外侧 20 ～ 50m 绿化林带，1km 可视范围的山地绿化。在交通主干道两侧 1km 内可视范围林（山）地，选择花（叶）色鲜艳、生长快、生态功能好的树种，采用花（叶）色树种和灌木搭配方式进行造林绿化，建设连片大色块、多色调森林生态景观；交通主干道经城镇、厂区、农用地两侧各 20 ～ 50m 范围内的绿化，采用花（叶）色树种或常绿树种和灌木为主，种植 5 ～ 10 行，形成 3 ～ 5 个层次的绿化景观带。

2. 江河生态景观林带

在全省“四江”流域干流或支流主要江河两岸山地、重点水库周边和水土流失较严重地区，选择涵养水源和保持水土能力较强的乡土树种，采用主导功能树种和彩叶树种随机混交或块状混交的方式造林，呈现以绿色为基调、彩叶树种为色彩斑块、叶色随季相变化的森林景观。

3. 沿海生态景观林带

在沿海沙质海岸线附近，选择抗风沙、耐高温、固土能力强的树种，采用块状混交的方式进行造林绿化，建设与海岸线大致平行、宽度 50m 以上的沿海基干林带；在沿海滩涂地带，选择枝繁叶茂、色彩层次分明、海岸防护功能强的红树林树种构建潮间红树林带；对于沿海第一重山范围的山地和沿海道路绿化用地，采用乡土树种为主、随机混交的模式进行造林绿化。三者相互配合、相互支撑，形成由沿海基干林带、沿海防护林、红树林景观林带共同构建的沿海生态景观林带。

四、生态景观林带的建设任务

广东统一规划建设 23 条共 10000km、53.67 万 hm^2 的生态景观林带，其中沿海生态景观林带 2 条共 3368km、3.47 万 hm^2；江河生态景观林带 4 条共 1918km、21.93 万 hm^2；高速公路、铁路生态景观林带 17 条共 4714km、28.27 万 hm^2。2011 年开始试点，力争 3 年初见成效，6 年基本成带，9 年完成各项指标任务。

第二节　生态景观林带植物选择的基本要求

一、植物选择的基础条件

广东位于祖国大陆最南部，地处北纬 20°09’ ～ 25°31’ 和东经 109°45’ ～ 117°20’ 之间。陆域东邻福建，北接江西、湖南，西连广西，南临南海并在珠江三角洲东西两侧分别与香港、澳门特别行政区接壤，西南部隔琼州海峡与海南省相望，北回归线从南澳—从化—封开一线横贯全省。陆地面积为 17.98 万 km^2，约占全国的 1.87%，其中林地面积 10.86 万 km^2，约占全省的 60.46%。海洋面积约 41.93 万 km^2，大陆海岸线 3368.1km，居全国第一位。

植物是美化和改善人类生存环境不可缺少的重要资源，是广东生态景观林带建设的基本要素，是展示区域森林植被特色的重要标志。随着社会经济的进步和人民生活水平的提高，人们对环境特别是主干道两侧环境的绿化、美化、生态化的要求越来越高，为生态景观林带植物选择提出科学命题。

广东地处高温多雨、终年湿润的热带和亚热带气候，分布着以热带与亚热带植物区系成分为主的常绿阔叶林，形成地带性森林植被特征：北部为中亚热带典型常绿阔叶林、中部为南亚热带季风常绿阔叶林以及南部的热带季雨林。

由于受人为干扰破坏，各地带原生森林植被类型保存不多。在热带地区的次生森林植被以具有硬叶常绿的稀树灌丛和草原为优势，亚热带地区则以针叶稀树灌丛、草坡为多，人工林以杉木、马尾松、桉树、木麻黄、竹林等纯林为主。主要有：

（一）中亚热带典型常绿阔叶林

主要分布在北纬24°30′以北，即怀集、英德、梅县、大埔一线以北地区。此外粤东的山地与粤西的云开大山北部也有分布。面积较大的地区主要为粤北丘陵山地区的南岭、天井山、滑水山、车八岭、九连山等林区和保护区，多呈块状星散分布。

（二）南亚热带季风常绿阔叶林

主要分布在北纬21°30′～24°30′，即怀集、英德、梅县、大埔一线以南，安铺、化州、茂名、儒洞一线以北的南亚热带地区。现存面积较大的有肇庆市的鼎湖山，封开县的黑石顶、七星，龙门县的南昆山，河源市的新丰江，粤东的莲花山等地。

（三）热带季雨林

主要分布在北纬21°30′以南的热带地区，即安铺、化州、茂名、儒洞一线以南地区。现呈零星状小面积分布于粤西雷州半岛的村落、庙宇等地。

（四）红树林

红树林是热带和南亚热带海湾、河口泥滩盐渍化沼泽上的盐生森林植物群落。广东红树林在世界红树林的区系中属东方群系，种类丰富。据统计有39科，48属，56种。主要树种有白骨壤、桐花树、海桑、秋茄树、角果木、红茄冬、尖红树、长柱红树、木榄、海莲、海漆、银叶树、水椰、黄槿等。

二、植物选择的基本要求

生态景观林带植物主要从全省丰富多彩的植物种类中筛选，植物要适合当地生长、有地方特色，要满足构建“结构优、健康好、景观美、功能强、效益高”全国最好林相的要求。植物选择遵循以下原则：

（一）因地制宜、适地适树

遵循地带性典型植被类型的分布规律，促进形成当地稳定的森林群落，展示广东乡土树种的自然风采。

（二）生态功能树种和景观功能树种相结合

选用抗污染、水源涵养和水土保持能力强的树种，而且应兼备优良观赏性状的景观树种，提升森林生态景观林带的综合功能。

（三）以乡土树种为主，外来树种为辅

以乡土树种为主，适当选用少量经过长期引种驯化的外来树种作为景观点缀，满足不同空间、不同立地条件下的生态景观林带建设要求，实现地带性景观特色与异地风情景观的和谐统一。

（四）容易成活、粗生粗长、管理粗放

选择成活率高、管理简便、耐修剪、生长速度适中、寿命长的树种。

第三节　生态景观林带植物特点、习性分类

一、按植物观赏特点分类

（一）观花类

以花器官为主要观赏部位，其花朵或具有美丽鲜艳的色彩或具有浓郁芬芳的香味。前者如美丽异木棉、木棉、火焰木、映山红、大红花、凤凰木、大叶紫薇、小叶紫薇、杜鹃红山茶、红苞木、红花羊蹄甲、宫粉羊蹄甲、红花油茶、红绒球、黄花风铃木、黄槐、鸡冠刺桐、腊肠树、蓝花楹、龙船花、千年桐、木荷、双荚槐、簕杜鹃、红花银桦、海南杜英、八宝树、蘖蒴、复羽叶栾树、碧桃、仪花、长春花、串钱柳、春花、刺桐、樱花和鱼木等；

后者如白兰、黄兰、含笑、荷花玉兰、乐昌含笑、尖叶杜英、红花鸡蛋花、灰木莲、火力楠、九里香、假鹰爪、紫玉兰、金桂、银桂、丹桂和栀子花等。

（二）观叶类

叶为主要的观赏部位，其叶形奇特或具有鲜艳的色彩或具有香味。叶形奇特有笔管榕、鹅掌楸、翻白叶树、米老排、银桦、银叶树、檫木和鸭脚木等；色彩鲜艳有枫香、山乌桕、乌桕、鸡爪槭、红背桂、银杏、山杜英、大叶紫薇、变叶木和红叶石楠等；具有香味的有樟树、黄樟、阴香、柠檬桉、山苍子和香叶树等。

（三）观果类

以果实为主要观赏部位，其果实累累、色泽艳丽、馥郁芬芳、果实奇异、挂果时间长。如复羽叶栾树、观光木、海桐、假苹婆、假鹰爪、腊肠树、杧果、猫尾木、木菠萝、糖胶树、苹婆、铁冬青、土沉香、五月茶、红果仔、越南叶下珠、朱砂根、乌饭、阳桃和银叶树等。

（四）观茎类

以茎、枝为主要观赏部位，这类植物叶片稀少或无，而枝茎却具有独特的风姿。如鸡蛋花、红瑞木、酒瓶棕和大王椰子等。

二、按植物生态习性分类

生态习性即是植物在特定生态环境深刻影响下，所形成的特有生长发育的内在规律。以此为依据，可分为以下几种类型。

（一）依对温度条件的适应性

1. 耐寒植物

具有较强的耐寒力，能忍耐0℃以下的温度，在北方能露地栽培、自然安全越冬的植物，一般原产于温带及寒带。如银杏、梅、桃、鹅掌楸、荷花玉兰、乐昌含笑、火力楠、观光木、阴香、樟树、小叶紫薇、木荷、重阳木、乌桕、枫香、红锥、构树、苦楝、鸡爪槭、樱花、映山红、栀子花、二乔玉兰和九里香等。

2. 不耐寒植物

这类植物多原产于热带及亚热带或暖温带。在其生长期间要求较高的温度，不能忍受0℃以下的温度，其中一部分种类甚至不能忍受5℃左右的温度，它们在温带寒冷地区不能露地越冬，低温下停止生长或死亡，必须有温室等保护设施以满足其对环境的要求，才能正常生长。如非洲桃花心木、腊肠树、木棉、美丽异木棉、大叶紫薇、八宝树、凤凰木、羊蹄甲、宫粉羊蹄甲、黄花风铃木、火焰木、尖叶杜英、小叶榄仁、蓝花楹、猫尾木、簕杜鹃、杧果、木菠萝、双荚槐和红花银桦等。

3. 半耐寒植物

指耐寒力介于耐寒植物与不耐寒植物之间。它们多原产于暖温带，生长期间能短期忍受0℃左右的低温。在北方需加防寒措施方可露地越冬。如猪屎豆、五月茶、千年桐、小叶女贞、红叶石楠、红花檵木、含笑、喜树、麻楝、朴树、黧蒴、米老排和山杜英等。

（二）依对光照条件的适应性

1. 喜光植物

该类植物必须在完全的光照下生长，不能忍受长时间蔽荫，否则生长不良。原产于热带及温带平原上，高原南坡上以及高山阳面岩石上生长的植物均为喜光植物，如美丽异木棉、木棉、凤凰木、千年桐、黄花风铃木、蓝花楹、火焰木、腊肠树、八宝树、大叶紫薇、红花银桦、荷花玉兰、小叶榄仁、翻白叶树、秋枫、蝴蝶果、黄桐、乌桕、大叶相思、台湾相思、红花羊蹄甲、宫粉羊蹄甲、鹅掌楸、仪花、无忧树、刺桐、枫香、红苞木、黄槐、木麻黄、假连翘、簕杜鹃、高山榕、非洲桃花心木、苦楝、复羽叶栾树、杧果和红花鸡蛋花等。

2. 耐阴植物

该类植物要求在适度荫蔽下方能生长良

好，不能忍受强烈的直射光线，生长期间一般要求有 50% ~ 80% 蔽荫度的环境条件。它们多原产于热带雨林下或分布于林下及阴坡，如常见的大部分蕨类、兰科、苦苣苔科、凤梨科、天南星科及竹芋科植物。

3. 中性植物

该类植物在充足的阳光下生长最好，但亦有不同程度的耐阴能力。如鸡爪槭、二乔玉兰、灰木莲、火力楠、山杜英、灰莉、红花油茶、长春花、阴香、假苹婆、春花、栀子花、阳桃、五月茶、小叶女贞、重阳木、海南杜英、映山红、杜鹃红山茶、锦绣杜鹃等均属于中性而耐阴力较强的种类。

（三）依对水分条件的适应性

1. 旱生植物

旱生植物具有较强的抗旱能力，在干燥的气候和土壤条件下能够保持正常的生命活动。为了适应干旱的环境，它们在外部形态上和内部构造上都产生许多相应的变化和特征，如叶片变小或退化变成刺毛状、针状、或肉质化；叶表皮层或角质层加厚，气孔下陷；叶表面具厚茸毛以及细胞液浓度和渗透压变大等等，这大大减少了植物体水分的蒸腾，同时该类植物根系都比较发达，能增强吸水力，如木麻黄、构树、杜鹃、山茶和夹竹桃即属此类。

2. 中生植物

在水湿条件适中的土壤上才能正常生长的植物。其中有些种类，具有一定的耐旱力或耐湿力。中生植物的特征是根系及输导系统较发达；叶表面有角质层，叶片的栅栏组织和海绵组织较整齐，陆地上绝大部分植物皆属此类。

3. 湿生植物

该类植物耐旱性弱，需生长在潮湿的环境中，在干燥或中生的环境下生长不良。根据实际的生态环境又可分为 2 种类型：

（1）喜光湿生植物

需生长在阳光充足，土壤水分经常饱和或仅有较短的干旱期地区的湿生植物，由于土壤潮湿通气不良，故根系较浅，无根毛，根部有通气组织。地上部分的空气湿度不是很高，所以叶片上仍可有角质层存在。例如在沼泽化草甸、河湖沿岸低地生长的鸢尾、半边莲。

（2）耐阴湿生植物

这是生长在光线不足，空气温度较高，土壤潮湿环境下的湿生植物，热带雨林中或亚热带季雨林中、下层的许多种类均属于本类型。这类植物的叶片大而且很薄，栅栏组织和机械组织不发达而海绵组织很发达，防止蒸腾作用的能力很小，根系亦不发达。例如多种蕨类、海芋、秋海棠类以及热带兰类等多种附生植物。

4. 水生植物

生长在水中的植物叫水生植物。水生植物的形态和机能特点是植物体的通气组织发达；在水面以上的叶片大；在水中的叶片小，常呈带状或丝状，叶片薄，表皮不发达；根系不发达。依其与水的关系可将其分为4种类型：

（1）挺水植物

植物体的大部分露在水面以上的空气中，如荷花、菖蒲、香蒲、芦苇、慈姑、水葱和梭鱼草等。

（2）沉水植物

植物体完全沉没在水中，如金鱼藻、黑藻、眼子菜、红百草和苦草等。

（3）漂浮植物

植物体完全自由地漂浮于水面，如凤眼莲、浮萍等。

（4）浮水植物

根生于水下泥中，仅叶及花浮在水面，如王莲、芡实、萍蓬草、槐叶萍和睡莲等。

水生植物在广东省生态景观林带建设中涉及鱼塘、水体、湿地等类型可根据实际情况适当运用。

第四节 生态景观林带植物选择指引

一、交通主干道生态景观林带

（一）道路绿化

本书指的是高速公路用地绿化（包括路侧绿化带、中央分车绿化带、互通立交绿地、边坡绿化带）以及铁路路侧绿化带。绿化以“安全、实用、美观”为宗旨，以便于养护管理为原则，首先满足行车安全的要求，保证视线通畅，有足够的通视距离。

1. 路侧绿化带

交通主干道路肩边缘往外 5-10m 为路侧绿化带，绿化以防风固土、绿化美化行车环境为主，采用灌木、小乔木和乔木搭配。绿化地宽度在确保行车安全的情况下，根据实际情况确定。除特殊地段外（采石场、废弃矿山等），铁路路侧禁止种植高大乔木。可选择适应性强、生长强健、管理粗放、抗污染能力强的植物，例如：夹竹桃、小叶紫薇、映山红、狗牙花、灰莉、双荚槐、金凤花、红绒球、大红花和九里香等。

2. 中央分车绿化带

高速公路中央隔离绿化带一般采用高度为 2m 以下的灌木或小乔木，禁止种植高大乔木。植物配置做到形式简洁、排列整齐、色形鲜明、节奏轻快，对道路景观起到装饰作用。植物配置原则上要求每隔 2km 变换一种形式。可选择的植物有：变叶木、黄金榕、海桐、锦绣杜鹃、红背桂、红花檵木、红叶石楠、假连翘和龙船花等。

3. 互通立交绿地

高速公路互通立交转弯区应有足够的安全视距，使司机视线通畅。转弯处 25m 内不栽植遮挡视线的乔灌木，空间上采用层次种植，平面上简洁有序，线条流畅，强调整体性、导向性和图案性，形成舒展、开敞、明快的景观特色。在弯道外侧种植成行的乔木，突出匝道优美的动态曲线，诱导驾驶员的行车方向，使行车有一种舒适安全之感，可选择的植物有：鸡冠刺桐、大叶紫薇、黄槐、侧柏、复羽叶栾树、樟树、木棉和尖叶杜英等。

4. 边坡绿化带

应充分利用当地植物资源，尽量与交通主干道沿线的农田防护林、护渠护堤林、卫生防护林相结合。边坡又分上边坡和下边坡两种绿化类型。下边坡绿化应主要考虑护坡功能；上边坡则在满足护坡功能的同时，亦要考虑其美化功能，可通过植物材料构造一些艺术化的造型进行点缀。边坡绿化植物可选择有：夹竹桃、爬山虎、牵牛花、猪屎豆、双荚槐、簕杜鹃、映山红和狗牙根等。

（二）林带绿化

本书指的是高速公路和铁路隔离网外侧 20 ~ 50m 绿化林带。按照规划主题的总体要求，遵循“因地制宜、突出主题，四季常绿、月月有花”的原则，营建宽度为 20 ~ 50m 的林带，种植 5 ~ 10 行，形成 3 ~ 5 个层次的绿化景观带，依次为灌木、小乔木、中乔木、大乔木和伟乔木。各类植物选择如下：

（1）灌木

可选择的植物有：大红花、锦绣杜鹃、映山红、红花檵木、红叶石楠、翅荚决明、红绒球、九里香、海桐、含笑、红果仔、小叶紫薇、栀子花、野牡丹、夹竹桃、双荚槐、变叶木等和黄金榕等。

（2）小乔木

可选择的植物有：红花羊蹄甲、宫粉羊蹄甲、鸡冠刺桐、碧桃、黄花风铃木、杜鹃红山茶、鸡爪槭、海南杜英、蒲桃、串钱柳、大头茶、刺桐、大叶紫薇、黄槐、樱花、红千层、黄槿、紫玉兰、二乔玉兰、鱼木和鸡蛋花等。

(3) 中乔木

可选择的植物有：铁冬青、土沉香、假苹婆、苹婆、红花油茶、石栗、凤凰木、白千层、腊肠树、铁刀木、海南蒲桃、洋蒲桃、美丽异木棉、仪花、蓝花楹、火焰木、杧果、小叶榄仁和复羽叶栾树等。

(4) 大乔木

可选择的植物有：荷花玉兰、灰木莲、白兰、黄兰、乐昌含笑、火力楠、观光木、阴香、蝴蝶果、无忧树、红苞木、幌伞枫、山杜英和尖叶杜英等。

(5) 伟乔木

可选择的植物有：樟树、木棉、银桦、木荷、黄桐、八宝树、枫香、糖胶树、浙江润楠和秋枫等。

若在地下水位高、经常积水地段可选择落羽杉、水松、池杉、杨柳、水翁、洋蒲桃和水蒲桃等耐水湿植物。

(三) 山地绿化

本书指的是在高速公路和铁路两侧 1km 可视范围山地进行造林绿化。遵循“因地制宜、突出主题，集中连片、强化景观”的原则，选择花（叶）色鲜艳、生长快、生态功能好的树种，营建连片大色块、多色调森林生态景观。可选择的植物有：木荷、枫香、凤凰木、仪花、火焰木、樟树、木棉、黧蒴、尖叶杜英、红锥、山杜英、红花油茶、火力楠、乐昌含笑、灰木莲、台湾相思、红苞木、大头茶、潺槁树、春花、映山红、翻白叶树、格木、构树、假苹婆、楝叶吴茱萸、米老排、黄桐、秋枫、山乌桕、铁刀木、土沉香、降香黄檀、铁冬青、朴树、千年桐、五月茶、鸭脚木、阴香和浙江润楠等。

二、江河生态景观林带

沿河生态景观林带是指在江（河）两侧 1km 可视范围内进行山地绿化。按照“因地制宜、保护优先、突出重点、融于自然”的原则，主要营造具有涵养水源和保持水土功能的森林群落，兼顾景观功能，增强沿江（河）岸线森林的生态防护功能和提升森林景观。可选择的乡土阔叶树种有：木荷、红锥、米锥、樟树、黧蒴、木棉、红苞木、红花油茶、复羽叶栾树、大头茶、千年桐、甜槠、米老排、红栲、锥栗、石梓、阿丁枫、猴欢喜、楝叶吴茱萸、山杜英、橄榄、土沉香、朴树、阴香、火力楠、灰木莲、毛桃木莲、任豆、铁刀木、枫香、南酸枣、石栗、黄桐、山乌桕、翻白叶树、罗浮栲、杨梅、喜树、白楸、深山含笑、鸭脚木、秋枫、潺槁树、乐昌含笑、格木、中华楠、广宁竹、茶秆竹、粉单竹和青皮竹等。

三、沿海生态景观林带

(一) 红树林造林

红树林适宜种植的地点为平均海面线以上的潮滩，分为高潮滩、中潮滩和低潮滩三类区域。宜以河口、内湾（湖）平缓的泥质滩涂为佳，受较强波浪作用的开阔海岸通常较难造林。

红树林建设要因地制宜，根据不同的气候带、土壤底质、潮滩高度、盐度和风浪影响程度等确定不同的树种及配植方式，以优良乡土树种为主，必要时可采用引进树种，在保证树种的保存率和生长率的基础上，注重提高林分的生物多样性。

高潮滩和特大高潮滩的土壤常暴露，表面较硬实，含盐量较低，为 0.5% ~ 1.5%，可选择木榄、秋茄和其他半红树植物。中潮滩位于小涨潮线以上，中潮涨潮线以下的中间地带，滩涂宽窄不一，含盐量中等，为 1% ~ 2.5%，退潮时地面暴露，淤泥深厚，高潮时树干被淹一半左右，可选择红海榄、秋茄、桐花树、木榄等树种。低潮滩位于平均海面线附近，土壤暴露时间短，含盐量较高，为 2% ~ 2.5%，选择白骨壤、桐花树、海桑、无辫海桑、秋茄等。

（二）基干林带造林

海岸基干林带主导功能是生态防护，重点是林带走向要与海岸线基本一致，林带在滞减风速的同时，具备一定的透风度。造林应遵循“因害设防、突出重点，因地制宜、适地适树”的原则，根据造林地的立地条件和树种特性营造块状混交林带，形成与海岸线大致平行的基干林带。

根据沿海海岸的特点及环境条件，基干林带建设应选择抗风和抗逆性强以及耐盐碱和瘠薄的树种，可选择的树种有：木麻黄、台湾相思、银合欢、大叶相思、血桐、香蒲桃、黄槿、银叶树、榕树和红车等。

（三）沿海第一重山范围山地绿化

在沿海第一重山范围内，通过人工造林、补植套种、封育管护等措施，加快森林植被向目标植被类型演替，提高森林多种生态功能的发挥。造林遵循“保护为主、突出重点，因地制宜、适地适树”的原则，以乡土常绿阔叶树种为主，花（叶）色树种搭配，营建生态防护功能稳定兼顾景观效能的森林。树种选择耐盐碱、抗风沙、耐瘠薄、根系发达、固土能力强的树种，可选择的树种有：台湾相思、大叶相思、山乌桕、大头茶、木荷、白楸、多花山竹子、女贞、杨梅、鸭脚木和山杜英等。

四、景观节点

按照规划主题的要求，选择观赏效果较好的乔木、灌木和地被植物等进行自然式或规则式造景手法，营建精致、美观的景观亮点。

（一）乔木

可供选择的植物有：南洋杉、龙柏、侧柏、罗汉松、长叶竹柏、高山榕、榕树、垂叶榕、黄葛榕、菩提树、鹅掌楸、白兰、阴香、樟树、海南红豆、台湾相思、铁刀木、红花羊蹄甲、羊蹄甲、宫粉羊蹄甲、扁桃、杧果、蒲桃、人心果、白千层、蝴蝶果、木菠萝、石栗、银桦、黄槿、铁冬青、女贞、非洲桃花心木、假苹婆、无忧树、火力楠、腊肠树、水翁、海南杜英、糖胶树、大叶紫薇、木棉、凤凰木、蓝花楹、黄花风铃木、黄槐、苦楝、麻楝、刺桐、喜树、枫香、垂柳、二乔玉兰、鸡蛋花、碧桃、梅、棕榈、假槟榔、蒲葵、鱼尾葵、皇后葵、大王椰子、董棕、老人葵、桄榔和槟榔等。

（二）灌木

可供选择的植物有：苏铁、四季米仔兰、九里香、桂花、春花、红背桂、鹰爪花、夹竹桃、软枝黄蝉、小叶紫薇、小叶驳骨丹、朱蕉、变叶木、红桑、黄金榕、含笑、海桐、十大功劳、南天竹、大红花、吊灯花、福建茶、狗牙花、红叶石楠、红果仔、红花檵木、红绒球、假连翘、双荚槐、栀子花、一品红、映山红、凤尾兰、琴叶珊瑚、三药槟榔、散尾葵、轴榈、软叶刺葵和矮棕竹。

（三）地被植物

可供选择的植物有：蔓花生、假俭草、双穗雀稗、中华结缕草、马尼拉结缕草、广东万年青、石菖蒲、葱兰、狗牙根、猪屎豆、长春花、吊竹梅、紫露草、蚌兰、沿阶草、醉蝶花、大叶仙茅、红花酢浆草、山麦冬、吉祥草和一叶兰等。

下篇

生态景观林带植物各论 XIAPIAN

SHENGTAI JINGGUAN LINDAI ZHIWU GELUN

银 杏

银杏科 Ginkgoaceae

■ 学名 *Ginkgo biloba* L.

■ 别名 白果、公孙树、鸭脚树、蒲扇

形态特征 落叶乔木，高 30m，胸径可达 4m。幼树树皮近平滑，浅灰色，大树之皮灰褐色，不规则纵裂，有长枝与生长缓慢的距状短枝。叶互生，扇形，有柄，长枝上的叶大都具 2 裂，短枝上的叶常具波状缺刻。孢子叶球单性，异株，种子近球形，种皮分化为 3 层，胚具 2 片子叶。花期 4 ~ 5 月，果期 9 ~ 10 月。

产地分布 原产于山东、江苏、四川、河北、湖北、河南等地，全国各地均有栽培。

适生区域 较宜生长在粤北山区。

生长习性 初期生长较慢，萌蘖性强。较宜生长在水热条件比较优越的亚热带季风区，土壤为黄壤或黄棕壤，pH 值 5 ~ 6。抗烟尘、抗火灾、抗有毒气体。

观赏特性 树干通直，姿态优美，春夏翠绿，深秋金黄，观赏价值高。

生态功能 是园林绿化、行道、公路、田间林网、防风林带的理想栽培树种。

建设用途 可用于交通主干道林带绿化或江河两侧山地绿化。

落羽杉

杉科 Taxodiaceae

■ 学名 *Taxodium distichum*（L.）Rich.

■ 别名 落羽松

形态特征 落叶乔木，树干圆满通直，树高可达 25 ~ 50m，是古老的“孑遗植物”。干基部膨大，具屈膝状呼吸根。树皮长条状剥落。条形叶在侧生小枝上排成 2 列，淡绿色，秋季凋落前变暗红褐色。球果熟时淡褐色，被白粉，种子褐色。花期 3 ~ 5 月，球果次年 10 月成熟。

产地分布 原产于北美东南部。

适生区域 适生于广东各地。

生长习性 生长快，一般 5 ~ 6 年生即进入速生期，树高连年生长量 0.6 ~ 1.0m，胸径连年生长量 1.0 ~ 2.0cm。常在一年中长出 2 个年轮，寿命长达 1000 年以上。喜光，喜温暖多湿气候，不耐干旱，尤耐水湿，耐低温，喜深厚疏松湿润的酸性土壤。抗风、抗污染、抗病虫害。

观赏特性 枝叶茂盛，秋季落叶较迟，深秋叶色成红褐色，冠形雄伟秀丽，是优美的绿化树种。

生态功能 其种子是鸟雀、松鼠等野生动物喜食的饲料，对维护自然保护区生物链、保持水土、涵养水源等均能起到很好的作用。

建设用途 可用于交通主干道林带绿化，特别是经常积水地段，也可用于江河两侧山地绿化。

长叶竹柏

罗汉松科 Podocarpaceae

■ 学名 *Nageia fleuryi*（Hickel）de Laub.（*Podocarpus fleuryi* Hickel）

■ 别名 大叶竹柏、桐木树

形态特征 常绿乔木，树高可达 30m，胸径达 70cm。叶交叉对生，宽披针形，质地厚，无中脉，有多数并列的细脉，长 8 ～ 18cm，宽 2.2 ～ 5cm，上部渐窄，先端渐尖，基部楔形，窄成扁平的短柄。雄球花穗腋生，常 3 ～ 6 个簇生于总梗上，长 1.5 ～ 6.5cm，总梗长 2 ～ 5cm，药隔三角状，边缘有锯齿；雌球花单生叶腋，有梗，梗上具数枚苞片，轴端的苞腋着生 1 ～ 3 枚胚珠，仅一枚发育成熟，上部苞片不发育成肉质种托。种子圆球形，熟时假种皮蓝紫色，径 1.5 ～ 1.8cm，梗长约 2cm。花期 3 ～ 5 月，果熟期 10 ～ 11 月。

产地分布 原产云南东南部蒙自、屏边大围山区和广西合浦及广东高要、增城、龙门等地，越南、柬埔寨也有分布。

适生区域 广东各地均可生长。

生长习性 喜阴，喜温热潮湿气候，能耐短期低温（-2 ~ -4℃）。对土壤要求严格，在排水良好、土层疏松深厚的酸性砂壤土生长良好，不能在钙质土上正常生长。

观赏特性 宽披针形革质的叶，并列均匀的细脉，极具观赏价值，加之树干通直，树形美观，木材结构细致，被列为上等木材。如此宝贵的树种深得园林家和老百姓的喜爱。

生态功能 主根直而明显，侧根短小，细根少，常具根瘤，对改善土壤肥力具有重要意义。

建设用途 可用于交通主干道和江河两侧山地绿化。

鹅掌楸

木兰科 Magnoliaceae

■ 学名 *Liriodendron chinense*（Hemsl.）Sarg.

■ 别名 马褂木

形态特征 落叶乔木，高达 40m，胸径 1m 以上。树冠圆锥状，小枝灰色或灰褐色。叶马褂状，长 12 ~ 15cm，近基部每边具 1 侧裂片，先端具 2 浅裂，下面苍白色。花黄绿色，外面绿色较多而内方黄色较多，杯状，花被片 9，外轮 3 片绿色，内两轮 6 片，花瓣状，绿色，具黄色纵条纹；聚合果长 7 ~ 9cm，翅状小坚果，先端钝或钝尖；花期 5 月，果期 9 ~ 10 月。

产地分布 原产于陕西、安徽、浙江、江西、福建、湖北、湖南、广西、云南、贵州、四川、台湾。越南北部也有分布。

适生区域 适生于全省各地。

生长习性 性喜光及温和湿润气候，有一定的耐寒性，喜深厚肥沃、适湿而排水良好的酸性或微酸性土壤，在干旱土地上生长不良，亦忌低湿水涝。对病虫害抗性极强，对二氧化硫气体有中等的抗性。

观赏特性 树干挺直，树冠伞形，叶形奇异，古雅，花淡黄绿色，美而不艳，秋叶呈黄色，十分美丽，是世界最珍贵的树种之一。

生态功能 净化空气效果明显。

建设用途 可用于交通主干道林带绿化和山地绿化，也可用于江河两侧山地绿化以及景观节点绿化。

荷花玉兰

木兰科 Magnoliaceae

■ 学名　*Magnolia grandiflora* L.

■ 别名　洋玉兰、广玉兰

形态特征　常绿乔木，高达 30m。树皮淡褐色或灰色，薄鳞片状开裂。叶厚革质，椭圆形、长圆状椭圆形或倒卵状椭圆形，表面深绿色，有光泽，背面密被锈色茸毛。花单生于枝顶，荷花状，白色，有芳香。聚合果圆柱形，密被褐色或灰黄色茸毛；蓇葖开裂，种子外露，红色。花期 5 ~ 6 月，果期 9 ~ 10 月。

产地分布　原产北美东南部。

适生区域　适生于广东各地。

生长习性　实生苗生长缓慢，3 年以后生长逐渐加快，每年可生长 0.5m 以上，生长速度中等。喜光树种，幼苗期颇耐阴。喜温暖、湿润气候。较耐寒，能经受短期的 -19℃低温。在肥沃、深厚、湿润而排水良好的酸性或中性土壤中生长良好。根系深广，颇能抗风，抗病虫害。

观赏特性　树姿优雅，四季常青，开花很大，形似荷花，芳香馥郁，为十分优良的美化树种。

生态功能　耐烟尘，对二氧化硫等有毒气体有较强抗性，具有净化空气和保护环境功能。

建设用途　可用于交通主干道林带绿化和景观节点绿化。

二乔玉兰

木兰科 Magnoliaceae

■ 学名 *Magnolia* ×*soulangeana* Soul.-Bod.

■ 别名 朱砂玉兰

形态特征 落叶小乔木或灌木，高 7 ~ 9m。小枝紫褐色。单叶互生，叶倒卵形至卵状长椭圆形，花大，呈钟状，内面白色，外面淡紫，有芳香，花萼似花瓣，但长仅达其半，亦有呈小形而绿色者。叶前开花，聚合蓇葖果，卵形或倒卵形，熟时黑色，具白色皮孔；花期 4 月，果期 9 月。为玉兰和木兰的杂交种。在国内外庭园中普遍栽培，有较多的变种和品种。

产地分布 原产我国。分布于北美至南美的委内瑞拉东南部和亚洲的热带及温带地区。

适生区域 全省各地均可生长。

生长习性 喜光，耐半阴，抗寒性较强。栽培时宜选深厚、肥沃、排水良好的土壤。

观赏特性 先花后叶，花大色艳，观赏价值很高，是城市绿化的极好花木。

生态功能 净化空气和涵养水源效益较好。

建设用途 可用于交通主干道林带绿化和景观节点绿化。

灰木莲

木兰科 Magnoliaceae

■ 学名 *Manglietia chevalieri* Dandy

■ 别名 睦南木莲、越南木莲

形态特征 常绿乔木，高达30m，树皮灰白，平滑。单叶互生，薄革质，倒卵形、窄椭圆形或窄倒卵形，先端短尖，基部楔形，全缘。托叶痕极短。花顶生，花蕾长圆状椭圆形，花被9片，乳白色或乳黄色，肉质，稍厚。聚合果卵形，种子5～6枚。花期4～5月，果期9～10月。

产地分布 原产越南及印度尼西亚。

适生区域 较宜生长在南亚热带地区。

生长习性 早期速生，高径生长可持续 30 年以上。喜暖热气候，不耐干旱，幼龄期稍耐阴，中龄后偏喜光，深根性树种。

观赏特性 四季常绿，枝繁叶茂，干形通直，树形优美，花多且花期长，花大而洁白，并能散发清香，是优良的观赏树种。

生态功能 具有较强的杀菌保健能力。深根性树种，具有很强的保持水土能力。

建设用途 可用于交通主干道林带绿化和山地绿化以及江河两侧山地绿化。

白兰

木兰科 Magnoliaceae

■ 学名 *Michelia alba* DC.

■ 别名 白玉兰

形态特征 常绿乔木，树高 25m，胸径可达 100cm。树皮灰色，不裂。幼枝和芽初被毛，最后无毛。叶薄革质，卵形、长圆形或披针状长圆形，长 14 ～ 25cm，宽 5 ～ 9.5cm，长渐尖，基部楔形，下面疏被柔毛，网脉在两面均明显；叶柄长 1.5 ～ 2cm，托叶痕为叶柄的近 1/2。花芽长卵形，被疏柔毛；花白色，极香；花被片 10 ～ 14，披针形，长 3 ～ 4cm；雄蕊群有毛。聚合果的蓇葖常不育，或具少数蓇葖。花期 4 ～ 10 月。

产地分布 原产喜马拉雅地区。现北京及黄河流域以南均有栽培。

适生区域 广东各地均可生长。

生长习性 喜光照充足、暖热湿润和通风良好的环境，不耐寒，不耐阴，也怕高温和强光，宜排水良好、疏松、肥沃的微酸性土壤。对二氧化硫和氯气具有一定的抗性。

观赏特性 树姿优美，叶片青翠碧绿，花朵洁白，香如幽兰，华南地区在适温条件下长年开放不绝。

生态功能 调节区域气候、净化大气功能较强。

建设用途 可用于交通主干道林带绿化和景观节点绿化。

黄　兰

木兰科 Magnoliaceae

■ 学名　*Michelia champaca* L.
■ 别名　黄玉兰、黄缅桂

形态特征　常绿乔木，树高达 30 ～ 40m。斜枝上展。呈狭伞形树冠；芽、嫩枝、嫩叶和叶柄均被淡黄色的平状柔毛。叶薄革质，披针状卵形或披针状长椭圆形，长 10 ～ 20cm，宽 4 ～ 9cm；叶缘呈波形，叶柄长 2 ～ 4cm，脱叶痕为叶柄长的 2/3 以上。花单生叶腋，淡黄色，极芳香，可结实；花被片 15 ～ 20，披针形，长 3 ～ 4cm。聚合果长 7 ～ 15cm。种子 2 ～ 4 粒，有皱纹。花期 6 ～ 7 月，果期 9 ～ 10 月。

产地分布　原产于我国云南南部和西南部以及印度、缅甸和越南。

适生区域　适生于亚热带地区。

生长习性　喜光，喜温暖至高温湿润气候，不耐寒，不耐干旱也不耐积水，耐半阴，忌强阳光暴晒，土质以疏松、肥沃的砂质壤为宜，排水须良好。抗大气污染，吸收有毒气体的功能较强。

观赏特性 树形婆娑美观，花香味比白兰花更浓，为著名的木本花卉、庭院风景树和绿化树。

生态功能 涵养水源、保持水土效益好，净化空气能力较强。

建设用途 可用于交通主干道林带绿化和山地绿化以及景观节点绿化。

乐昌含笑

木兰科 Magnoliaceae

■ 学名 *Michelia chapensis* Dandy

■ 别名 景烈含笑

形态特征 常绿乔木，高 15 ~ 30m，胸径 1m。树皮灰色至深褐色；小枝无毛或嫩时节上被灰色微柔毛。枝条上有环痕。叶薄革质，倒卵形，狭倒卵形或长圆状倒卵形，长 6.5 ~ 15（16）cm，宽 3.5 ~ 6.5（7）cm，先端骤狭短渐尖，或短渐尖，尖头钝，基部楔形或阔楔形，上面深绿色，有光泽，侧脉每边 9 ~ 12(15)条，网脉稀疏；叶柄长 1.5 ~ 2.5cm，无托叶痕，上面具张开的沟，嫩时被微柔毛，后脱落无毛。花梗长 4 ~ 10mm，被平伏灰色微柔毛，具 2 ~ 5 苞片脱落痕；花被片淡黄色，6 片，芳香，2 轮，外轮倒卵状椭圆形，长约 3cm，宽约 1.5cm；内轮较狭；雄蕊长 1.7 ~ 2cm，花药长 1.1 ~ 1.5cm，药隔伸长成 1mm 的尖头；雌蕊群狭圆柱形，长约 1.5cm，雌蕊群柄长 7mm，密被银灰色平伏微柔毛；心皮卵圆形，长约 2mm，花柱长约 1.5mm；胚珠约 6 枚。聚合果长约 10cm，果梗长约 2cm；蓇葖长圆体形或卵圆形，长 1 ~ 1.5cm，宽约 1cm，顶端具短细弯尖头，基部宽；种子红色，卵形或长圆状卵圆形，长约 1cm，宽约 6mm。花期 3 ~ 4 月，果期 8 ~ 9 月。

产地分布 原产我国江西、湖南、广东、广西、贵州等地。越南也有分布。

适生区域 全省各地均宜生长。

生长习性 喜温暖湿润的气候，生长适宜温度为 15 ～ 32℃，能抗 41℃的高温，亦能耐寒。喜光，但苗期喜偏阴。喜土壤深厚、疏松、肥沃、排水良好的酸性至微碱性土壤。

观赏特性 树干通直，树形优美，枝叶繁茂，叶色浓绿，花香醉人。

生态功能 涵养水源、保持水土功能强。

建设用途 可用于交通主干道林带绿化和山地绿化以及沿江道路绿化。

火力楠

木兰科 Magnoliaceae

■ 学名 *Michelia macclurei* Dandy

■ 别名 醉香含笑

形态特征 常绿乔木，树高达30m。幼枝、叶柄、幼叶及花梗密被锈褐色，绢毛。叶革质，倒卵形或倒卵状椭圆形，短渐尖或钝尖，上面毛光绿色，下面被灰色柔毛。花白色，有香气，花被9～12片。花期3～4月，果期9～11月。

产地分布 原产于广东、海南、广西，湖南南部已引种栽培。越南北部也有分布。

适生区域 适生于广东各地。

生长习性 中性稍耐阴，宜在光照中等或较弱处种植。耐旱耐瘠，萌芽力强，生长迅速，寿命百年以上。耐火，可营造防火林带，对氟化物气体的抗性特别强。

观赏特性 树干通直，树型整齐美观，花色洁白，富有香味，果实鲜红色，有较高观赏价值。

生态功能 树冠宽大，侧根发达，萌芽力强，寿命长，病虫害少，能富集养分，改良土壤，具有很强的保持水土、涵养水源和调节气候功能。

建设用途 可用于交通主干道林带绿化和山地绿化以及江河两侧山地绿化。

观光木

木兰科 Magnoliaceae

- 学名 *Tsoongiodendron odorum* Chun
- 别名 香花木、宿轴木兰、观光木兰

形态特征 常绿乔木，高达 25m，树皮淡灰褐色，具深皱纹；小枝、芽、叶柄、叶被和花梗均被黄棕色糙状毛。叶革质，倒卵状椭圆形，长 8 ~ 17cm，先端短尖，基部楔形，表面光亮绿色，叶脉在叶面均凹陷；叶柄长 1 ~ 2.5cm，托叶痕为叶柄的 1/2。花淡红色，芳香，径约 3cm，三轮花被片，长圆形。聚合果长椭圆形，垂悬于老枝上。花期 3 ~ 4 月，果期 10 ~ 11 月。

产地分布 原产于福建、广东、海南、广西、江西南部、湖南南部、云南南部等地。

适生区域 全省各地均可生长。

生长习性 喜温暖湿润、排水良好的生长环境。幼林耐阴，随林龄增大而喜光。浅根系，生长快，顶端优势明显，冠幅中型，适于密植。

观赏特性 树干挺直，树冠宽广，枝叶稠密，花虽小而多，美丽芳香，是优美的庭园观赏及行道树种。

生态功能 涵养水源和保持水土效益强。

建设用途 可用于交通主干道山地绿化、江河两侧山地绿化和景观节点绿化。

阴　香

樟科 Lauraceae

■ 学名 *Cinnamomum burmannii*（C. G. et Th. Nees）Bl.

■ 别名 广东桂皮

形态特征 常绿乔木，高达 25m，胸径 1m，树皮灰褐色至黑褐色，平滑，枝叶和树皮揉碎有肉桂香味。叶革质至薄革质，卵形至长圆形或长状披针形，叶色终年亮泽。长 6 ~ 10cm，先端渐尖，无毛，离基部三出脉。圆锥花序长 2 ~ 6cm，少花，疏散；花绿白色，长约 5mm。果卵形，长约 8mm。花期 3 月，果期 11 ~ 12 月。

产地分布 原产我国广东、海南、广西、福建、云南等亚热带地区。印度、缅甸、越南等也有分布。

适生区域 适生于广东各地。

生长习性 较喜光，幼树耐阴，常见于山坡中下部的疏林中，是多树种混交伴生的优良树种。喜温暖至高温湿润气候，适应性强，耐寒，在土层深厚、疏松、肥沃的立地上生长迅速。抗风，对氯气和二氧化硫均有较强的抗性。

观赏特性 枝叶稠密绿荫，园林栽培树冠近圆球形，树姿优美整齐，叶色终年亮泽，揉有香味，盛花期时花香能招引众多蜂、蝶。夏、秋季萌生新叶呈淡红色，有明显季相变化，可作庭园风景树、绿荫生态等城市景观林树种以及作芳香花木树种。

生态功能 涵养水源和净化空气效果好。

建设用途 可用于交通主干道山地绿化和江河两侧山地绿化。

樟　树

樟科 Lauraceae

■ 学名 *Cinnamomum camphora*（L.）Presl

■ 别名 香樟、芳樟、樟木、小叶樟

形态特征 常绿乔木，高达 30m，树皮幼时绿色，光滑，老时变黄褐色或灰褐色，纵裂。枝、叶、果实均有樟脑气味。叶片革质，互生，长 6 ~ 12cm，宽 2.5 ~ 5.5cm，全缘。卵形或椭圆状卵形，先端和基部急尖或渐尖，基部钝或略成圆形，无毛，离基三出脉，脉腋有明显腺体。4 ~ 5 月开花，圆锥花序腋生，花小，淡黄绿色。果期 10 ~ 11 月，浆果，球形，紫黑色。

产地分布 原产我国台湾、福建、广东、广西、江西、湖南、湖北、浙江、云南等地。越南、印度尼西亚、日本、朝鲜也有分布。

适生区域 适生于广东各地。

生长习性 幼年较耐阴，2 ~ 3 年后需光量增加，壮年需强光。幼树及大树嫩枝对低温、霜冻较敏感。对土壤要求较高，虽一般红、黄壤均可以生长，但只有土层深厚、湿润、肥沃、微酸性至中性砂壤、轻黏性土壤立地条件下，才能生长良好。根系十分发达，主根特别粗壮。萌芽能力强。抗海潮风及耐烟尘，抗有毒气体，并能吸收多种有毒气体。

观赏特性 枝叶茂密，冠大荫浓，树姿雄伟。樟树的木材耐腐、防虫、致密、有香气，可用来提炼樟脑，有强心解热、杀虫之效。

生态功能 具有良好的涵养水源、固土防沙功能。

建设用途 可用于交通主干道林带绿化和山地绿化、江河两侧山地绿化以及景观节点绿化。

潺槁树

樟科 Lauraceae

- 学名 *Litsea glutinosa*（Lour.）C. B. Rob.
- 别名 潺槁木姜子、青胶木、树仲、油槁树、胶樟、青野槁、潺槁木

形态特征 常绿乔木或小乔木，高 3 ～ 15m。叶互生，倒卵状长圆形或椭圆状披针形，长 6.5 ～ 10cm，先端钝圆，幼叶两面被毛，老时下面被毛或近无毛。侧脉 8 ～ 12 对，叶柄被灰黄色茸毛。伞形花序单生或几个簇生于短枝上。雌雄异株。花被片不完全或缺，能育雄蕊 15 枚或更多。夏季开花，秋冬间为果熟期，果球形。

产地分布 原产我国福建、广东、海南；印度、越南和菲律宾也产。

适生区域 广东各地均可生长。

生长习性 喜光，喜温暖至高温湿润气候，耐干旱，耐瘠薄，不耐寒，对土质选择不严。抗大气污染能力非常强。

观赏特性 分枝茂密，树姿优美，为良好的园林风景树和绿化树。叶片揉之，清香扑鼻，沁人心脾，提神醒脑。

生态功能 维护生态系统的动态平衡具有重要意义，为招蝶树种，只要有潺槁树的地方就有黄边凤蝶，黄边凤蝶的世代变化与潺槁树的生长密切相关。

建设用途 可用于交通主干道、江河两侧山地绿化以及沿海第一重山范围山地绿化。

浙江润楠

樟科 Lauraceae

■ 学名 *Machilus chekiangensis* S. Lee

■ 别名 长序润楠

形态特征 常绿乔木，高 10m。枝褐色，幼枝密被平伏的灰色绢毛。叶常聚生小枝枝梢，叶长圆形或倒披针形，长 6.5 ~ 13cm，宽 2 ~ 3.6cm，先端尾状渐尖，尖头常呈镰状，基部渐狭，革质或薄革质，梢头的叶干时有时呈黄绿色，叶下面初时有贴伏小柔毛，中脉在上面稍凹下，下面突起，侧脉每边 10 ~ 12 条，小脉纤细，在两面上构成细密的蜂巢状浅穴；叶柄纤细，长 10 ~ 20mm。果序生当年生枝基部，纤细，有灰白色或黄色平伏柔毛，自中部或上部分枝；嫩果球形，绿色，干时带黑色；宿存花被裂片近等长，长约 4mm，两面都有灰白色绢状小柔毛；果期 5 ~ 7 月。

产地分布 原产于广东、香港、广西及海南。

适生区域 广东各地均可生长。

生长习性 喜温暖而潮湿的环境，适宜土层疏松、排水良好的土壤。对病虫害抵抗力较强。

观赏特性 树姿雄伟，枝叶繁茂，具有一定观赏性。

生态功能 保持水土和涵养水源功能强。

建设用途 可用于交通主干道林带绿化、山地绿化和江河两侧山地绿化。

鱼 木

白花菜科 Capparaceae

■ 学名 *Crateva formosensis*（Jacobs）B.S.Sun

■ 别名 台湾鱼木、三脚鳖、龙头花

形态特征 落叶灌木或小乔木，高 2 ～ 12m。小枝与节间长度平均数均较其他种为大，有稍栓质化的纵皱肋纹。小枝干后淡灰绿色至淡褐绿色，质地薄而坚实，不易破碎，两面稍异色，侧生小叶基部两侧很不对称。花枝上的小叶长 10 ～ 11.5cm，宽 3.5 ～ 5cm，顶端渐尖至长渐尖，有急尖的尖头，侧脉纤细，干后淡红色，叶柄长 5 ～ 7cm，干后褐色至浅黑色，腺体明显。营养枝上的小叶略大，长 13 ～ 15cm，宽 6cm，叶柄长 8 ～ 13cm。花序顶生，有花 10 ～ 15 朵；果球形至椭圆形，红色；花期 6 ～ 7 月，果期 10 ～ 11 月。

产地分布 原产台湾、广东北部，广西东北部、四川；日本南部也有。

适生区域 广东各地均可生长。

生长习性 喜光，喜温暖至高温，生活力强，土质以排水良好的砂质壤土为佳。

观赏特性 树形美观，开花期由于花色的变化，同一树上白花和黄花相间，又有红色长长的花丝衬托其间，犹如群蝶纷飞，十分优雅美观。

生态功能 涵养水源效益较好。

建设用途 可用于交通主干道林带绿化和景观节点绿化。

阳 桃

酢浆草科 Oxalidaceae

- 学名 *Averrhoa carambola* L.
- 别名 杨桃、五敛子、洋桃

形态特征 常绿小乔木，高可达12m。分枝甚多；树皮暗灰色，内皮淡黄色，干后茶褐色，味微甜而涩；奇数羽状复叶，互生，长10 ~ 20cm；小叶5 ~ 13片，全缘，卵形或椭圆形，长3 ~ 7cm，宽2 ~ 3.5cm，顶端渐尖，基部圆，一侧歪斜，表面深绿色，背面淡绿色，疏被柔毛或无毛，小叶柄甚短；花小，微香，数朵至多朵组成聚伞花序或圆锥花序，自叶腋出或着生于枝干上，花枝和花蕾深红色；萼片5，覆瓦状排列，基部合成细杯状，花瓣略向背面弯卷，背面淡紫红色，边缘色较淡，有时为粉红色或白色；雄蕊5 ~ 10枚；子房5室，花柱5枚。浆果肉质，下垂，横切面呈星芒状，淡绿色或蜡黄色，有时带暗红色；种子黑褐色。花期4 ~ 12月，果期7 ~ 12月。

产地分布 原产马来西亚、印度尼西亚。

适生区域 适生于广东各地。

生长习性 喜半阴，喜高温多湿气候，忌烈日，不耐干旱，不耐寒。

观赏特性 花紫红色，浆果具棱，十分别致。

生态功能 枝繁叶茂，水源涵养效益较好。

建设用途 可用于交通主干道和江河两侧山地绿化以及景观节点绿化。

大叶紫薇

千屈菜科 Lythraceae

■ 学名 *Lagerstroemia speciosa*（L.）Pers.

■ 别名 大花紫薇、百日红

形态特征 大乔木，高 25m；树皮灰色，平滑。小枝圆柱形，无毛或微被糠秕状毛。叶革质，长圆状椭圆形或卵状椭圆形，稀披针形，长 10 ~ 25cm，宽 6 ~ 12cm，先端钝或短尖，基部宽楔形至圆形，两面均无毛；叶柄长 6 ~ 15mm，粗壮。花淡红或紫色，径 5cm，顶生圆锥花序，长 15 ~ 25cm，有时可达 46cm；花梗长 1 ~ 1.5cm，花轴、花梗及花萼外均被黄褐色糠秕状密毡毛；花萼有棱 12 条，6 裂，附属体鳞片状；花瓣 6，长 2.5 ~ 3.5cm，几不皱缩，有短爪；雄蕊多数；子房球形，4 ~ 6 室，花柱长 2 ~ 3cm。果球形至倒卵状长圆形，长 2 ~ 3.8cm，径约 2cm，灰褐色，6 裂；种子多数，长 10 ~ 15mm。花期 5 ~ 7 月，果期 10 ~ 11 月。

产地分布 原产东南亚地区。

适生区域 适生于全省各地。

生长习性 需强光，耐热、不耐寒、耐旱、耐碱、耐半阴、耐剪、大树较难移植。喜高温湿润气候，栽培在全日照或半日照之地均能适应，对土壤选择不严。

观赏特性 枝叶茂密，开花华丽，树姿飘逸，叶片质感平滑，枝叶略为下垂，每到冬天叶色变红，富有季相变化。

生态功能 落叶丰富，可增加土壤有机质。

建设用途 可用于交通主干道林带绿化和景观节点绿化。

八宝树

海桑科 Sonneratiaceae

■ 学名 *Duabanga grandiflora*（Roxb. ex DC.）Walp.

■ 别名 杜滨木、桑管树、大平头树、菁椿、毛老鹰树

形态特征 常绿乔木，高达 35m，胸径 1m 以上，树皮灰褐色，板状根不甚发达；主干圆满通直，树冠伞形，枝下垂，螺旋状或轮生于树干上，幼时树皮灰白色、黑褐色，表面有小薄片皮脱落。小枝四棱形，赤红色，具明显皮孔。单叶对生，在枝上排成 2 列；叶阔椭圆形、矩圆形，长 12 ~ 15cm，先端急尖或长尾尖，基部心形，叶柄很短；中脉在上面下陷，在下面凸起，侧脉粗壮，明显。顶生圆锥花序，花白色。蒴果扁球形，微有棱，萼片宿存，成熟时 5 ~ 8 瓣裂；种子细小，长约 4mm。花期 3 ~ 5 月，果期 5 ~ 7 月。

产地分布 原产于云南南部和广西南部，并广泛分布于热带亚洲。

适生区域 适生于广东南部地区。

生长习性 喜光，喜暖热湿润气候，能耐轻霜及短期低温，适生的土壤主要是在花岗岩上发育形成的黄红色砖红壤、砖红壤性黄壤。土层深厚，表层腐殖质含量丰富，土壤质地由中壤至重壤土，含沙量较多，适宜八宝树生长。速生，萌芽能力强，多生于阳光充足处，密林中少见。

观赏特性 树形丰满，美丽大方，嫩叶布满彩纹，蔚为美观，花洁白，落落大方。

生态功能 涵养水源效益好。

建设用途 可用于交通主干道和江河两侧山地绿化以及景观节点绿化。

无瓣海桑

海桑科 Sonneratiaceae

- 学名 *Sonnetratia apetala* Buch.-Ham.
- 别名 孟加拉海桑

形态特征 常绿乔木，高达15m，有多数笋状呼吸根伸出水面，小枝纤细下垂，有隆起的节。单叶对生，全缘，长椭圆形至近披针形，顶端钝，基部楔形，叶柄短；侧脉纤细，不明显。总状花序顶生；萼4～6裂；无花瓣；雄蕊多数；柱头膨大成蘑菇状。浆果较小，直径1～3cm，种子多数。花期春季，果期为秋冬季。

产地分布 天然分布于孟加拉国、印度南部和斯里兰卡等地。1985年从孟加拉国引进，现广东、广西、海南、福建等地均有引种。

适生区域 适生于广东沿海。

生长习性 生长于滨海和河流入海处两岸有潮水到达的淤泥滩。无瓣海桑耐低温，引种至福建厦门，表现良好；耐水淹，能够在中低潮间滩涂生长；对土壤适应能力强；也是生长速度最快的红树植物，年生长可达4m。

观赏特性 株形挺拔端庄，分枝浓密，是沿海滩涂和河口绿化的良好树种。

生态功能 真红树，生长速度极快，耐寒能力强，是表现良好的红树种类，能在很短时间内发挥防浪护堤的生态功能。

建设用途 可用于红树林造林。

海　桑

海桑科 Sonneratiaceae

■ 学名　*Sonnetratia caseolaris*（L.）Engl.

形态特征 乔木，高 5 ～ 8m，小枝下垂，有隆起的节。单叶对生，叶形变化较大，椭圆形、长圆形至倒卵形，长 4 ～ 7cm，宽 2 ～ 4cm，顶端圆钝，基部渐狭而下延成一短而宽的柄；侧脉纤细，不明显。花单生于枝顶，有短而粗的梗；萼管平滑无棱，结果时宿存呈碟状，通常 6 裂；花瓣线状披针形，暗红色；雄蕊多数；浆果扁球形，直径 4 ～ 5cm，种子多数。花期冬季，果期春末夏初。

产地分布 原产我国海南和东南亚、澳大利亚。广东省广泛引种。

适生区域 适生于广东沿海。

生长习性 耐盐能力低，常生长于有淡水注入的河口、海湾，沿河可上溯至潮汐影响的上界。耐寒能力差，遇到持续低温易被冻死。

观赏特性 株形挺拔端庄，分枝浓密，是沿海滩涂和河口绿化的良好树种。

生态功能 真红树，生长速度快，适合于堤围、养殖场的滩涂种植，以快速发挥其防浪护堤功能。

建设用途 用于红树林造林。

土沉香

瑞香科 Thymelaeaceae

■ 学名 *Aquilaria sinensis*（Lour.）Gilg.

■ 别名 白木香、牙香树、女儿香、莞香

形态特征 常绿乔木，树高 6 ~ 20m，胸径 80cm。树皮暗灰色，较平滑容易剥落，有坚韧的纤维。叶革质，倒卵形或椭圆形，长 5 ~ 14cm，宽 2 ~ 6.5cm，侧脉每边 15 ~ 20 条，疏密不一，小脉不甚明显；叶柄长约 5mm，被柔毛。伞形花序顶生或腋生，花黄绿色具芳香，花梗长 5 ~ 10mm；花萼浅钟形，长约 6mm；有 10 枚鳞片状花瓣，雄蕊 10 枚，1 轮，长丝长约 1mm。蒴果长 2 ~ 3cm，宽约 2cm，顶端具短尖头，基部收狭并有宿存的花萼。被黄色短柔毛，2 裂，种子 1 颗或 2 颗，基部具有长约 2cm 的尾状附属体。花期 3 ~ 5 月，果期 9 ~ 10 月。

产地分布 原产海南、广东、广西等地。

适生区域 适生于广东各地。

生长习性 树高生长在10年以前高生长平均年生长量80cm，胸径年均生长为0.72cm。颇耐阴，在光照短、湿度大的高山环境或较为避风的山谷和山腰密林中均有其生长优势树的存在。对土壤要求颇严格，喜生于土层深厚、有腐殖质的湿润、疏松的砂壤土，在干旱环境土层浅薄的山顶则生长缓慢。

观赏特性 分枝繁茂，树姿优雅壮健，新叶淡绿，逐渐变为深绿而亮泽，开花时花朵有清清芳香，果形宛如一盏盏挂在树上的小灯笼，妙趣横生。土沉香所产的沉香具有极高的经济价值，是珍贵的南药之一，有降气、纳肾、调中、平肝之效，沉香又可取芳香油，用作调香料。

生态功能 改良土壤及涵养水源效益很好，可作为园林绿化和针阔叶混交造林的乡土树种加以推广，不可种植大面积纯林。

建设用途 可用于交通主干道和江河两侧山地绿化。

红花银桦

山龙眼科 Proteaceae

■ 学名 *Grevillea banksii* R.Br.

■ 别名 昆士兰银桦、贝克斯银桦

形态特征 密生灌木或纤细的小乔木，高 2 ～ 5m，冠幅 1 ～ 2m。幼枝有毛，叶互生，一回羽状裂叶，小叶线形，叶背密生白色茸毛。春至夏季开花，总状花序，顶生，花色橙红至鲜红色。蓇葖果歪卵形，扁平，熟果呈褐色。花期 11 月至翌年 5 月。

产地分布 原产澳大利亚昆士兰，分布于澳大利亚、巴西、智利、厄瓜多尔、墨西哥等。

适生区域 较宜生长在珠三角地区。

生长习性 喜光树种，适宜排水良好、略酸性的土壤，耐干旱贫瘠。生长迅速，萌芽力强，在珠三角条件较好的地段，地栽小苗一年可长到 4.5m 至 5m 高。对二氧化硫和氟化物的吸收能力很强。

观赏特性 总状花序，似大型的毛刷，亮红的花独特而艳丽，盛花时满树繁花，格外耀眼。

生态功能 抗污染能力强，很适合污染区的绿化。

建设用途 可用于交通主干道林带绿化和景观节点绿化。

银　桦

山龙眼科 Proteaceae

■ 学名　*Grevillea robusta* A.Cunn. ex R. Br.

■ 别名　银橡树

形态特征　常绿乔木，高 40m，胸径 1m。幼枝、芽及叶柄密被锈褐色粗毛。叶二回羽状深裂，裂片 5 ~ 13 对，近披针形，边缘加厚，叶上面深绿色，下面密被银灰色绢毛。总状花序长 7 ~ 15cm，多花，橙黄色，花梗长 8 ~ 13mm，向花轴两边扩张或稍下弯。果卵状长圆形，长 1.4 ~ 1.6cm，稍倾斜而扁，顶端具宿存花柱，成熟时棕褐色，沿腹逢线开裂；种子 2，卵形，周围有膜质翅。花期 4 ~ 5 月，果期 6 ~ 7 月。

产地分布　原产大洋洲，现热带及亚热带地区多栽培。

适生区域　广东各地均可生长。

生长习性　中、幼年生长迅速。喜光、喜温暖气候，不耐寒，在深厚肥沃、排水良好的土壤上生长良好。对有害气体有一定的抗性，耐烟尘，少病虫害。

观赏特性　树干通直，高大伟岸，树冠整齐，花色艳丽。

生态功能　根系发达，固土能力强。

建设用途　可用于交通主干道林带绿化、山地绿化和景观节点绿化。

杜鹃红山茶

山茶科 Theaceae

- 学名 *Camellia azalea* C. F. Wei（*C. changii* C. X. Ye）
- 别名 杜鹃茶、四季茶、四季杜鹃红山茶、假大头茶

形态特征 常绿灌木或小乔木，高可达 5m，胸径 5 ～ 10cm。枝叶密、紧凑，树皮灰褐色，枝条光滑，嫩梢红色，叶长 8 ～ 12cm，倒卵形，革质，叶脉不明显，光亮碧绿，边缘平滑，不开裂，叶柄短，变异不大。花瓣狭长，花丝红色，花药金黄色，花径 8cm 以上，整体丰满，四季开花不断，5 月开始开花，盛花期是 7 ～ 9 月，持续至次年 2 月。

产地分布 原产于广东阳春。

适生区域 全省各地均可生长。

生长习性 喜温暖湿润气候，喜肥沃和排水良好的壤土。

观赏特性 其外形像杜鹃，实为山茶，故名“杜鹃红山茶”，素有“植物界大熊猫”之称，花红色，犹如牡丹般艳丽。

生态功能 涵养水源、保持水土功能较好。

建设用途 可用于交通主干道林带绿化和景观节点绿化。

红花油茶

山茶科 Theaceae

■ 学名 *Camellia semiserrata* C.W.Chi

■ 别名 广宁红花油茶

形态特征 常绿乔木，高可达12m。树皮棕褐色，幼枝棕色，光滑。叶互生，革质，椭圆形或长圆形，长9～15cm，宽3～7cm，叶面光泽亮绿，中侧脉略下陷，下面突起，基部阔楔形或略圆，先端急尖或尾状渐尖，边缘上半部有锐锯齿，下半部圆滑；叶柄长1.0～1.5cm。花于枝顶部单生，花冠直径7～9cm，花瓣红色，6～7片，长4～5cm；雄蕊多数，花药黄色。蒴果球形，直径5～10cm，果皮木质，厚1.5～2.0cm，成熟时棕红色，有宿存花萼。种子棕褐色，直径约2cm，种仁富含油脂。因其模式标本采自广东广宁县，故名广宁油茶。花期1～2月，果期10～11月。

产地分布 广东西部和广西东南部有分布。

适生区域 广东各地均可生长。

生长习性 对土壤要求不高，一般肥力中等的酸性土壤，均可生长良好，较耐旱，喜弱光，幼时耐荫庇，大树需充足阳光，才能正常开花结果。

观赏特性 树形优美，叶色深绿，早春开花，红艳美观。

生态功能 固土能力强。

建设用途 可用于交通主干道林带绿化和景观节点绿化。

大头茶

山茶科 Theaceae

■ 学名 *Gordonia axillaris*（Roxb. ex Ker Gawl.）Endl.

■ 别名 台湾山茶

形态特征 常绿灌木或小乔木，高达 8m。叶厚革质，倒披针形至矩圆形，长 6 ~ 18cm，宽 2 ~ 6cm，全缘或顶部有浅齿，两面无毛。花乳白色，大，单生或簇生小枝顶端；小苞片与萼片覆瓦状排列，革质，宿存；花瓣 5 ~ 6，宽倒心形，顶端深裂；雄蕊多数，花丝仅基部合生；子房 5 室，花柱顶端分裂。蒴果矩圆形，5 棱。花期 10 月至翌年 2 月。

产地分布 分布于云南、四川、广西、广东、台湾。

适生区域 适应于广东各地生长。

生长习性 喜光，喜温暖湿润气候，喜肥沃和排水良好的壤土。

观赏特性 花大而洁白，花期正值冬季少花季节，可于园林中丛植观赏。

生态功能 固土能力较强。

建设用途 可用于交通主干道和江河两侧山地绿化以及沿海第一重山范围山地绿化。

木 荷

山茶科 Theaceae

■ 学名 *Schima superba* Gardn. et Champ.

■ 别名 荷树、荷木

形态特征 常绿大乔木，高 30m；树皮黑褐色，深纵裂；冬芽卵状圆锥形，被白色柔毛。叶革质，卵状椭圆形至长圆形，长 10 ～ 12cm，宽 2.5 ～ 5cm，先端短尖或长尖，基部楔形或稍圆，边缘有疏钝锯齿，两面无毛。花白色，单朵腋生或排成短总状花序；萼片半圆形，边缘有纤毛。果扁球形，径约 1.5cm，熟时 5 瓣裂，中轴宿存；种子每室 2 ～ 6 粒，肾形，扁平而薄，长约 7mm，周围有翅。花期 3 ～ 7 月，果期 9 ～ 10 月。

产地分布 原产于长江以南，南至华南，东至台湾，西至四川和贵州。

适生区域 全省各地均生长良好。

生长习性 萌芽力强，生长快。较喜光，喜温暖气候和肥沃酸性土壤，在碱性土质中生长不良。耐火，是最著名的防火树种之一。

观赏特性 树冠优美，叶色四季葱绿，花多，素雅芳香，可供观赏。

生态功能 保持水土、涵养水源效果十分良好。

建设用途 可用于交通主干道林带绿化和山地绿化、江河两侧山地绿化、沿海第一重山范围山地绿化和景观节点绿化。

红千层

桃金娘科 Myrtaceae

■ 学名 *Callistemon rigidus* R.Br.
■ 别名 瓶刷子树

形态特征 常绿小乔木，高 3 ~ 5m。树皮坚硬，灰褐色；嫩枝有棱，初时有长丝毛，不久变无毛。叶片坚革质，线形，长 5 ~ 9cm，宽 3 ~ 6mm，先端尖锐，初时有丝毛，不久脱落，油腺点明显，干后突起，中脉在两面均突起，侧脉明显，叶柄极短。穗状花序生于枝顶；花瓣绿色，卵形，有油腺点；雄蕊长 2 ~ 5cm，鲜红色，花柱比雄蕊稍长，先端绿色，其余红色。蒴果半球形，花期 6 ~ 8 月。

产地分布 原产澳大利亚。我国广东及广西有栽培。

适生区域 适应于全省各地生长。

生长习性 喜光，喜稍有荫蔽的阳坡，喜高温高湿气候，不耐寒，耐修剪，喜肥沃、湿润和排水良好的酸性土壤。

观赏特性 枝叶繁茂，树姿整齐，花形奇特，色彩鲜艳美丽，开放时火树红花。

生态功能 极耐旱、耐瘠薄，是营造防风林的优良树种，也可在城镇近郊荒山绿化。

建设用途 可用于交通主干道林带绿化和景观节点绿化。

串钱柳

桃金娘科 Myrtaceae

■ 学名 *Callistemon viminalis*（Soland.）G. Don ex Loudon

■ 别名 垂枝红千层

形态特征 常绿灌木或小乔木，高 2 ~ 4（6）m，主干易分枝，树冠伞形或圆形，枝细长下垂。叶互生，纸质，披针形至线状披针形，长达 10cm，叶色灰绿至浓绿，全缘。花冠小，雄蕊多而细长，红色，长达 2.5cm，花生于枝梢，成瓶刷状密集穗状花序，长达 7.6cm。蒴果球形，花期 4 ~ 9 月。

产地分布 原产澳大利亚。

适生区域 广东各地均可生长。

生长习性 性喜暖热湿润气候，耐寒，喜酸性土壤，耐旱、耐贫瘠，但在湿润的条件下生长较快。

观赏特性 干形曲折苍老，小枝密集成丛。叶似柳而终年不凋，花艳丽而形状奇特，整个花序犹如一把瓶刷子，随风摇曳，妖艳夺目，是一种非常优美的观赏花木。

生态功能 适应力极强，可用于较差立地条件绿化。

建设用途 可用于交通主干道林带绿化和景观节点绿化。

水　翁

桃金娘科 Myrtaceae

■ 学名　*Cleistocalyx operculatus*（Roxb.）Merr. et Perry

■ 别名　水榕

形态特征　常绿乔木，高可达 15m。树冠广展，树皮灰褐色，颇厚。多分枝，小枝近圆柱形或四棱形。叶对生，近革质，卵状长圆形或狭椭圆形，长 11 ～ 17cm，宽 4.5 ～ 7cm，叶色浅绿，两面多透明腺点。圆锥花序由多数聚伞花序组成，常生于无叶的老枝上，稀生于叶腋或顶生。花小，绿白色，有香味。浆果近球形，成熟时紫黑色，有斑点。

产地分布　原产我国广东、广西、云南、海南；印度、越南、马来西亚、印度尼西亚及澳大利亚北部有分布。

适生区域　适生于广东各地。

生长习性 喜肥，耐湿性强，喜生于水边，一般土壤可生长。

观赏特性 作风景树，多植于湖堤边，花有香味。

生态功能 根系发达，能净化水源，固土护堤，为优良的水边绿化植物。

建设用途 可用于交通主干道林带绿化，特别是经常积水地段。

白千层

桃金娘科 Myrtaceae

■ 学名 *Melaleuca quinquenervia*（Cav.）S. T. Blake

■ 别名 剥皮树、脱皮树、千层皮

形态特征 常绿乔木，高 18 米。树皮灰白色，厚而松软，呈薄层状剥落。嫩枝灰白色。叶披针形或狭长圆形，长 5 ~ 10cm，两端尖，基出脉 3 ~ 5（7）条。花白色，密集于枝顶或成穗状花序，长达 15cm。果近球形，径 5 ~ 7mm。花期每年多次。

产地分布 原产澳大利亚。

适生区域 较宜生长在广东南部地区。

生长习性 喜生于水边土层肥厚潮湿之地，亦能生于较干燥的沙地上。

观赏特性 树姿优美整齐，叶浓密，树皮白色，厚而松软，似乎有一千层皮一般，脱也脱不完。

生态功能 护路护岸效果良好。

建设用途 可用于交通主干道林带绿化，特别是经常积水地段。

海南蒲桃

桃金娘科 Myrtaceae

■ 学名 *Syzygium cumini*（L.）Skeels

■ 别名 乌墨、乌木、乌贯木、密脉蒲桃

形态特征 常绿乔木，树高达 20m，胸径 80cm，树干通直，枝叶繁茂。树冠倒卵形，树皮凹凸不平，厚度 2cm 以上，皮表面黄灰或灰黑色，内皮松脆，砍开由白变紫色，后转紫黑色，与木材分离容易；叶革质、对生，长约 5 ~ 14cm，宽 2 ~ 7cm，叶柄长 1.5 ~ 2.0cm；复聚伞花序侧生或顶生，长宽可达 11cm，花芳香白色，无柄；浆果橄榄形，熟时紫红色至紫黑色，长 1 ~ 2cm，宽 5 ~ 10mm, 具宿存平截萼迹。花期 3 ~ 4 月，果期 6 ~ 7 月。

产地分布 原产我国华东、华南至西南以及亚洲东南部和澳大利亚，

适生区域 全省各地生长良好。

生长习性 喜光，喜温暖至高温、湿润气候，可耐 -2℃低温，较耐干旱，适应性强，对土壤要求不严，无论酸性土壤或石灰岩地区都有分布，河溪岸上和谷地以至石山岩缝都能生长。

观赏特性 树干通直，树冠优美、花朵清香，果可食。

生态功能 根系发达，水土保持效果好，也是优良的水源涵养林树种。

建设用途 可用于交通主干道和江河两侧山地绿化。

红鳞蒲桃

桃金娘科 Myrtaceae

■ 学名 *Syzygium hancei* Merr. et Perry

■ 别名 红车

形态特征 灌木或中等乔木，高达 20m。嫩枝圆形，干后变黑褐色。叶片革质，狭椭圆形至长圆形或倒卵形，长 3 ～ 7cm，宽 1.5 ～ 4cm，先端钝或略尖，基部阔楔形或狭窄，上面干后暗褐色，不发亮，有多数细小而下陷的腺点，下面同色，侧脉相隔约 2mm，以 60° 开角缓斜向上，在两面均不明显，边脉离边缘约 0.5mm；叶柄长 3 ～ 6mm。圆锥花序腋生，长 1 ～ 1.5cm，多花；无花梗；花蕾倒卵形，长 2mm，萼倒圆锥形，长 1.5mm，萼齿不明显；花瓣 4，分离，圆形，长 1mm；雄蕊比花瓣略短；花柱与花瓣同长。果实球形，直径 5 ～ 6mm。花期 7 ～ 9 月。

产地分布 原产于福建、广东、广西等地。

适生区域 适生于全省各地。

生长习性 喜温暖湿润气候，对土壤要求不严，适应性较强。耐修剪，病虫害少。

观赏特性 树形雅致，枝繁叶茂，叶厚光亮，终年翠绿，其嫩枝嫩叶鲜红色，艳丽可爱，是优良的庭园绿化、观赏树种。果可食。

生态功能 熟果味甜，鸟兽喜食，对维护生态平衡具有一定意义。

建设用途 可用于交通主干道、江河两侧和沿海第一重山范围山地绿化。

蒲　桃

桃金娘科 Myrtaceae

■ 学名　*Syzygium jambos*（L.）Alston

■ 别名　水蒲桃

形态特征　常绿乔木，高达10m。主干极短，分枝多。叶长卵圆状披针形，长10～20cm，叶端渐尖，叶基楔形，叶背侧脉明显，网脉明显，叶面多透明小腺点，叶柄短，稍肥大，在叶缘处连合。伞房花序顶生，花白色，萼倒圆锥形。果球形或卵形，淡黄绿色，果皮肉质，有油腺点；内有种子1～2粒。春夏间为开花期，夏末至初秋成熟，熟时黄色。

产地分布　原产我国东南部、南部至西南部以及亚洲热带马来群岛至中南半岛。

适生区域　广东各地均可生长。

生长习性　喜光，喜温热气候，喜水湿及酸性土，多生于河边及河谷湿地，耐涝性强。

观赏特性 树姿优美，花期长，花浓香，花形美丽。挂果期长，果实累累，果形美，果色鲜，果可食用。

生态功能 根系发达，为优良的防风固沙植物。

建设用途 可用于交通主干道林带绿化，特别是经常积水地段。

山蒲桃

桃金娘科 Myrtaceae

■ 学名 *Syzygium levinei*（Merr.）Merr. et Perry

■ 别名 白车

形态特征 常绿乔木，高达25m。树皮浅灰褐色。嫩枝圆，被秕糠状毛。叶椭圆形或卵状椭圆形，长4～8cm，宽1.5～3.5cm，先端骤尖，基部宽楔形，干叶上面灰褐色，两面被腺点，侧脉脉距2～3mm，角度45°，边脉近叶缘。叶柄长5～7mm。复聚伞花序长3～7cm，花序轴被秕糠状毛或乳点。花蕾倒卵形，花有短柄；花瓣白色。果近球形，径7～8mm。花期8～9月，果期1～2月。

产地分布 原产我国广东、海南、广西南部；越南也有分布。

适生区域 全省均可生长。

生长习性 幼龄耐阴，大树喜光，在林内多为上层林木，天然整枝好。天然更新良好，

林内多幼苗和幼树，生长正常。在土层深厚湿润的山谷、坡地生长旺盛。

观赏特性 枝繁叶茂，树形优美，叶片终年翠绿。果可食用。

生态功能 涵养水源、保持水土效果好。

建设用途 可用于交通主干道、江河两侧和沿海第一重山范围山地绿化。

洋蒲桃

桃金娘科 Myrtaceae

■ 学名 *Syzygium samarangense*（Bl.）Merr. et Perry
■ 别名 连雾

形态特征 常绿乔木，高达 8 ~ 12m。嫩枝扁，叶对生，薄革质，卵圆形至长圆形，长 10 ~ 22cm，宽 5 ~ 8cm，先端钝或稍尖，基部变窄，圆形或微心形，上面干后变黄褐色，下面有小腺点，侧脉 14 ~ 19 对，以 45°开角斜形向上，离边缘 5mm 处互相结合成明显边脉，有明显网脉。叶柄极短，长不过 4mm，有时近无柄。聚伞花序顶生或腋生，长 5 ~ 6mm，有花数朵；花白色，花梗长约 5mm；萼管倒圆锥形，长 7 ~ 8mm，宽 6 ~ 7mm，萼齿 4，半圆形；花瓣圆形；雄蕊极多，长约 1.5cm，花柱长 2.5 ~ 3cm。果实下垂，梨形或圆锥形，肉质，有光泽，秋季成熟时粉红色至鲜红色，长 4 ~ 5cm，顶部凹陷，有宿存的肉质萼片；种子 1 颗。一年有多次开花、结果的习性，花期 3 ~ 5 月，果期 5 ~ 7 月。

产地分布 原产马来西亚至印度。

适生区域 广东南部地区生长较好。

生长习性 喜光，喜高温多湿气候，不耐干旱、贫瘠和寒冷，喜湿润、肥沃土壤。

观赏特性 树冠广阔，四季常青，花期绿叶白花，果期绿叶红果，挂果期长达 1 个月，为美丽的观果植物。

生态功能 固土护堤效果好。

建设用途 可用于交通主干道林带绿化，特别是经常积水地段。

香蒲桃

桃金娘科 Myrtaceae

■ 学名 *Syzygium odoratum*（Lour.）DC.
■ 别名 白赤榔

形态特征 灌木至小乔木，高达 10m，嫩枝纤细，圆柱形或略压扁，干后灰褐色，叶革质，卵状披针形或卵状长圆形，长 3 ~ 7cm，1 ~ 2cm，先端尾状渐尖，长 1cm，侧脉多而密，相隔约 2mm，在上面不明显，在下面稍突起，以 45° 开角斜向上，在靠近边缘 1mm 处接合成边脉，叶柄长 3 ~ 5mm。圆锥花序顶生及腋生，长 2 ~ 4cm；花蕾倒卵圆形，长约 4mm；花梗长 2 ~ 3mm，有时无花梗；萼管倒圆锥形，长 3mm，有白粉，干后皱缩，萼齿 4 ~ 5 枚，短而圆；花瓣连合成帽状；雄蕊长 3 ~ 5mm，花柱与雄蕊等长。果球形，直径 6 ~ 7mm，略有白粉。花期 5 ~ 6 月。

产地分布 原产我国广东、海南、广西。越南也有分布。

适生区域 全省大部分地区均可生长。

生长习性 适应性强，耐干旱，耐盐碱，耐瘠薄。在海边固定沙地都可正常生长。

观赏特性 枝叶繁茂，开花时节馥郁芬芳，秋冬季节硕果累累。

生态功能 防风固沙功能强，可用于沿海沙地绿化。

建设用途 可用于沿海基干林带造林。

拉关木

使君子科 Combretaceae

■ 学名 *Laguncularia racemosa*（L.）Gaertn. f.

■ 别名 拉贡木

形态特征 常绿乔木，高达 12m。叶革质，椭圆形至长椭圆形，先端圆，叶脉不明显，叶柄上部有两个腺体。穗状花序顶生，或再组成圆锥花序。花小，白色，无柄。果有明显的棱，长 2 ~ 3cm，内有种子 1 颗。花果期秋冬季。

产地分布 原产墨西哥，现广东湛江、茂名、珠海、广州、汕头等地引种。

适生区域 适生于广东沿海。

生长习性 常分布于海湾、河口的淤泥质滩涂，速生，耐盐，抗冻。

观赏特性 株形高大挺拔，四季常绿，是沿海滩涂绿化的良好树种。

生态功能 近年来引进的真红树树种，生长速度块，适应能力强，比乡土红树树种有更好的防浪护堤的功效。

建设用途 可用于红树林造林。

小叶榄仁

使君子科 Combretaceae

■ 学名 *Terminalia mantaly* H.Perrier

■ 别名 细叶榄仁、非洲榄仁、雨伞树

形态特征 落叶乔木，株高 10 ~ 15m，主干直立，冠幅 5 ~ 8m，侧枝轮生呈水平展开，树冠层伞形，层次分明，质感轻细。叶小，长 3 ~ 8cm，宽 2 ~ 3cm，提琴状倒卵形，全缘，具 4 ~ 6 对羽状脉，4 ~ 7 叶轮生，深绿色，冬季落叶前变红或紫红色；穗状花序腋生，花两性，花萼 5 裂，无花瓣，雄蕊 10，两轮排列，着生于萼管上；子房下位，1 室，胚珠 2 个，花柱单生伸出；核果纺锤形；种子 1 个。成年植株夏至秋季开花，秋末至冬初核果成熟。

产地分布 原产非洲的马达加斯加。

适生区域 较宜生长在广东南部地区。

生长习性 喜光，喜高温，生育适温 23 ～ 32℃，13 ～ 16℃仍能正常生长，0℃以下顶部枝条易受冻害。耐热、耐旱、耐风、耐瘠薄，任何土壤都可以种植。在排水良好、日照充足的壤土上生长迅速。

观赏特性 树干挺直，枝丫自然分层轮生于主干四周，层层分明有序水平向四周开展，冬季落叶后光秃柔细的枝桠美，益显独特风格；春季萌发青翠的新叶，随风飘逸，姿态甚为优雅。

生态功能 防风固沙，优良的海岸树种。

建设用途 可用于交通主干道林带绿化和景观节点绿化。

木　榄

红树科 Rhizophoraceae

■ 学名 *Bruguiera gymnorhiza*（L.）Lam.

形态特征 常绿灌木至小乔木。叶对生，革质，椭圆状长圆形，顶端尖，基部阔楔形。花单生叶腋，萼管红色，平滑，萼裂片 11 ～ 13 枚。胚轴长 15 ～ 25cm，平滑。花果期几全年。

产地分布 分布于广东、广西、海南、福建沿海，非洲东南部、印度、马来西亚至澳大利亚北部。

生长习性 演替后期树种，分布于红树林内缘高潮线附近。显胎生，果实在母体上萌发。

适生区域 适生于广东沿海。

观赏特性 本种枝叶浓密，萼管红色，繁殖方式奇特，具有一定的观赏和科普教育价值。

生态功能 真红树，适合在中高滩涂种植。

建设用途 用于红树林造林。

秋　茄

红树科 Rhizophoraceae

■ 学名　*Kandelia candel*（L.）Druce

■ 别名　黄钟木、毛黄钟花

形态特征　常绿灌木至小乔木，一般高 1 ~ 3m，最高可达 10m，有不明显的板根或支柱根；树皮平滑，红褐色。叶对生，革质，长圆形至倒卵状长圆形，先端圆钝，基部阔楔尖。二歧聚伞花序腋生，有花 4 ~ 9 朵。花具短梗，花瓣白色，顶端撕裂。胚轴细长，长 12 ~ 30cm。花果期春秋两季。

产地分布　分布于我国广东、广西、海南、福建、香港、台湾沿海，东南亚和日本。

适生区域 适生于广东沿海。

生长习性 常分布于有河流注入的海湾、河口的淤泥滩涂上。显胎生，果实在母体上萌发。

观赏特性 本种枝叶浓绿，繁殖方式奇特，有一定的科普教育和观赏价值。

生态功能 分布广泛的真红树树种，常组成单优群落，具有良好的防浪护堤、水质净化功能。

建设用途 用于红树林造林。

红海榄

红树科 Rhizophoraceae

■ 学名 *Rhizophora stylosa* Griff.

■ 别名 红海兰

形态特征 灌木至小乔木，高 2 ~ 6m，有发达的支柱根。叶革质，阔椭圆形，顶端尖，基部阔楔形。聚伞花序，总花梗生于当年生叶腋，与叶柄等长或稍长，有花 2 至多朵；花具梗。胚轴圆柱形，长 30 ~ 40cm。花果期春秋两季。

产地分布 我国广东、广西、海南、台湾，菲律宾、马来西亚至澳大利亚北部。

适生区域 适生于广东沿海。

生长习性 适合生长于中高滩涂上，是演替中后期的红树树种。显胎生，果实在母体上萌发。

观赏特性 支柱根发达，俗称“鸡笼罩”，繁殖方式奇特，具有一定的观赏和科普教育价值。

生态功能 真红树，适合在中高滩涂种植。

建设用途 用于红树林造林。

尖叶杜英

杜英科 Elaeocarpaceae

■ 学名 *Elaeocarpus rugosus* Roxb. ex G.. Don（*E. apiculatus non* Mast.）
■ 别名 水苦梓

形态特征 常绿乔木，高达30m。叶革质，倒卵状披针形。总状花序生于枝顶叶腋，花瓣白色，倒披针形，先端7～8裂。核果近圆球形。根基部有板根，枝条层层伸展，树冠如塔形，花白色，芳香。花期4～5月。

产地分布 原产中南半岛、马来西亚。

适生区域 广东大部分地区均可生长。

生长习性 其根系发达，萌芽力强，生长快速，喜温暖湿润环境。

观赏特性 树冠成塔形，巍峨壮观。开花时节，花洁白，芳香，有如悬挂了层层白色的流苏，迎风摇曳，并散发着奶油味的香气。成年树的板根十分壮观。盛夏后硕果累累。

生态功能 枝叶茂盛，降低噪音效果好。

建设用途 可用于交通主干道林带绿化和山地绿化以及景观节点绿化。

海南杜英

杜英科 Elaeocarpaceae

■ 学名 *Elaeocarpus hainanensis* Oliv.
■ 别名 水柳树、水石榕

形态特征 常绿小乔木，高 8m。枝无毛。叶集生于枝顶，狭披针形或倒披针形，长 7 ~ 15cm，宽 1.4 ~ 2.8cm，顶端急尖而钝头，基部渐狭尖，边缘有小锯齿，腹面无毛，背面近无毛；叶柄长 1 ~ 2cm。总状花序腋生，比叶略短或有时与叶等长，有花 2 ~ 6 朵，花白色，有宿存的苞片；苞片薄膜质，卵圆形，疏被短柔毛；花梗长 2.5 ~ 4cm，被短柔毛；萼片狭披针形，花瓣倒卵形，基部楔形，顶端深裂；子房无毛，2 室，每室有胚珠 2 颗；核果纺锤形，两端渐尖，光滑；花期夏季。

产地分布 原产我国海南、广西南部及云南东南部；在越南、泰国也有分布。

适生区域 全省各地均可生长。

生长习性 喜半阴，喜高温多湿气候，不耐干旱，喜湿但不耐积水，喜肥沃和富含有机质的土壤。

观赏特性 分枝多而密，树冠呈圆锥形。花期长，花冠洁白淡雅。

生态功能 涵养水源效果好。

建设用途 可用于交通主干道林带绿化和景观节点绿化。

山杜英

杜英科 Elaeocarpaceae

■ 学名 *Elaeocarpus sylvestris*（Lour.）Poir.

■ 别名 羊屎树、羊仔屎、羊仔树

形态特征 半常绿乔木，高达25m，胸径60cm。树皮深褐色，平滑；小枝纤细无毛，老枝干后暗褐色。叶互生，纸质，倒卵状椭圆形，长4～12cm，宽1.5～4.5cm，先端钝尖，基部渐窄下延至叶柄，边缘有钝锯齿，脉腋常具腺体；叶柄长0.5～1.2cm。总状花序腋生，花两性；萼片5，披针形；花瓣5，白色，先端撕裂达中部以下，裂片线形，略有毛；雄蕊多数，分离，花药线形，顶孔开裂。核果椭圆形，长约1cm，熟时暗紫色。花期6～8月，果期10～11月。

产地分布 原产我国江西、湖南、海南、广东、广西、福建、台湾；越南、泰国和老挝也有分布。

适生区域 广东各地生长良好。

生长习性 生长速度中等偏快，喜半日照，喜温暖湿润气候，耐寒性不强，适于酸性黄壤和红壤，根系发达。对二氧化硫抗性较强，耐修剪，对林火蔓延有阻隔和减缓作用。

观赏特性 枝叶茂密，树冠圆整，秋冬季节部分叶变红色，红绿相间，颇为美丽。

生态功能 枝繁叶茂，隔声作用效果明显，根系发达，防护功能强。

建设用途 可用于交通主干道山地绿化、江河两侧山地绿化和景观节点绿化。

银叶树

梧桐科 Sterculiaceae

■ 学名 *Heritiera littoralis* Aiton

形态特征 常绿乔木，高约 10m。树皮灰黑色，小枝幼时被白色鳞秕。叶革质，矩圆状披针形、椭圆形或卵形，长 10 ～ 20cm，宽 5 ～ 10cm，顶端锐尖或钝，基部钝，上面无毛或几无毛，下面密被银白色鳞秕；叶柄长 1 ～ 2cm；托叶披针形，早落。圆锥花序腋生，长约 8cm，密被星状毛和鳞秕；花红褐色，萼钟状，长 4 ～ 6mm，两面均被星状毛，5 浅裂，裂片三角状；雄花的花盘较薄，有乳头状突起，雌雄蕊柄短而无毛，果木质，坚果状，近椭圆形，光滑，干时黄褐色，背部有龙骨状突起；种子卵形；花期夏季。

产地分布 原产我国广东、广西防城和台湾。印度、越南、柬埔寨、斯里兰卡、菲律宾和东南亚各地以及非洲东部、大洋洲均有分布。

适生区域 适生于广东沿海。

生长习性 性喜高温，土质以肥沃的砂质壤土最佳，排水、日照需良好。抗风、抗盐碱。

观赏特性 植株高大，树干挺直，板根十分壮观。

生态功能 为优良的海岸防护林树种。

建设用途 可用于高潮滩红树林造林。

翻白叶树

梧桐科 Sterculiaceae

■ 学名 *Pterospermum heterophyllum* Hance

■ 别名 异叶翅子树

形态特征 常绿乔木，高达30m，胸径60cm，树干通直。树皮厚达1cm，树皮灰黄褐色；小枝有锈色或黄褐色短柔毛。叶互生，叶2型，幼态叶盾形，掌状3～5裂，老树上的叶矩圆形或卵状矩圆形，长7～15cm，宽3～10cm，先端钝尖或渐尖，基部斜圆形、截形或斜微心形，全缘，下面密被黄褐色星状毛；叶柄长1～2cm，有毛，托叶全缘。花单生或2～4朵成聚伞花序，腋生，花两性；花萼5裂，条形，两面均被短茸毛；花瓣5，白色，倒披针形，与萼片等长。蒴果椭圆形，长4～6cm，有棱角，果皮木质，密被黄褐色星状毛，室背5瓣裂；种子长椭圆形，顶端有膜质长翅。花期6～7月，果期8～12月。

产地分布 原产广东、海南、广西、福建、云南及台湾。

适生区域 广东各地均可生长。

生长习性 生长迅速，喜光，不耐荫蔽，喜温暖湿润气候。喜生于土层深厚、湿润、肥沃之酸性土。

观赏特性 树干通直，叶片两面异色，为优良的观赏树。

生态功能 涵养水源、保持水土效果好。

建设用途 可用于交通主干道和江河两侧山地绿化。

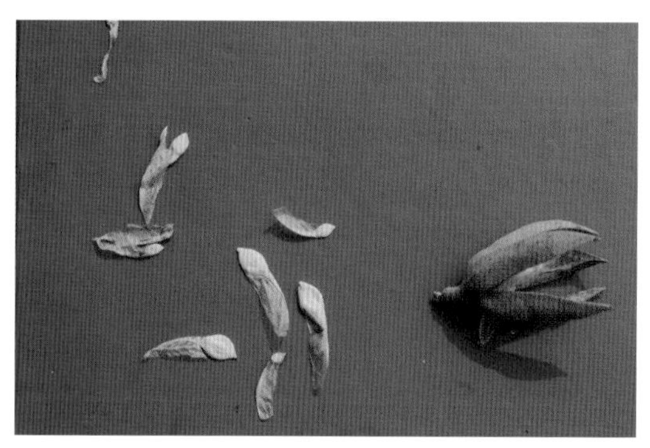

假苹婆

梧桐科 Sterculiaceae

■ 学名 *Sterculia lanceolata* Cav.
■ 别名 鸡冠木、赛苹婆

形态特征 常绿乔木，高达 10 ~ 20m，有板根。小枝幼时被毛。叶椭圆形、披针形或椭圆状披针形，长 9 ~ 20cm，宽 3.5 ~ 8cm，顶端急尖，基部钝形或近圆形。侧脉在近叶缘处连接。圆锥花序腋生，长 4 ~ 10cm，花杂性，花萼有 5 枚萼片，淡红色，无花瓣。蓇葖果成熟时鲜红色，长卵圆形，长 5 ~ 7cm，顶端有喙，基部渐窄，密被短柔毛。种子卵状椭圆形，黑色秋季成熟。花期 4 ~ 6 月。

产地分布 原产我国广东、广西、云南、贵州和四川；中南半岛各地也产。

适生区域 全省各地生长良好。

生长习性 喜光，喜温暖湿润气候，不耐干旱，不耐寒，在酸性、中性及钙质土中均可生长，但在土层深厚、湿润、富含有机质土壤生长更迅速，栽植 3 ～ 4 年开始结果。

观赏特性 树冠广阔，树姿优雅，果如红星，色泽明艳。

生态功能 保持水土、涵养水源功能较强。

建设用途 可用于交通主干道林带绿化和山地绿化、江河两侧山地绿化和景观节点绿化。

苹　婆

梧桐科 Sterculiaceae

■ 学名 *Sterculia nobilis* Smith

■ 别名 凤眼果、七姐果

形态特征 常绿乔木，高达 20m，树冠浓密、树形美观，树皮黑褐色。枝初疏生星状毛，后变无毛。叶倒卵状椭圆形或矩圆状椭圆形，长 8 ～ 25cm，先端突尖或钝尖，基部近圆形，全缘，无毛，羽状侧脉 8 ～ 10 对。圆锥花序顶生或腋生，花杂性，花萼钟状，粉红色，裂片条状披针形，内曲，有短毛。蓇葖果鲜红色，厚革质，长圆形，长约 5cm，顶端有喙，暗红色果内有 1 ～ 4 粒种子。花期 4 ～ 5 月，但在 10 ～ 11 月常可见少数植株第二次开花。种子黑褐色，秋季成熟。

产地分布 原产中国、印度、越南、印度尼西亚等地。

适生区域 广东各地均可生长。

生长习性 喜光，喜高温湿润气候，适应性强，耐贫瘠，对土壤要求不严，酸性、中性及石灰性土均可生长，但以土层深厚、疏松、肥沃、偏酸性土壤生长良好。

观赏特性 树冠宽阔浓密。花如飘絮，蓇葖果鲜红，果实可食用。

生态功能 根系发达，固土能力强，树冠浓密，隔音效果好。

建设用途 可用于交通主干道和江河两侧山地绿化和景观节点绿化。

木　棉

木棉科 Bombacaceae

■ 学名　*Bombax ceiba* L.（*B. malabaricum* DC.）

■ 别名　红棉、英雄树、攀枝花、斑芝棉、斑芝树、攀枝

形态特征　落叶大乔木，高达30m。树干端直，树体高大，春季先花后叶，花大。广州市市花。树皮灰白色，幼树的树干通常有圆锥状的组刺；枝轮生，平展。掌状复叶，小叶5～7片，长圆形至长圆状披针形，顶端渐尖，基部阔或渐窄，全缘，两面均无毛，羽状侧脉15～17对。花大，红色，聚生近枝端，春天开花。蒴果大，矩圆形，近木质，内有棉毛；种子多数，倒卵形，直径约3mm。花期2～3月。

产地分布 原产南亚、东南亚直至澳大利亚东北部。

适生区域 适应于全省各地生长。

生长习性 喜光，喜高温湿润气候，能耐低温，适应性强，耐干旱，不耐贫瘠，不耐水湿，在日照充足、排水良好处生长迅速，对土壤选择不严。适生的土壤为有 5 ~ 20cm 以上的砂壤土为表层的红壤、砖红壤性红色土或砖红性黄红色土，母质为花岗岩或页岩、砾岩、玄武岩等。抗风、抗大气污染，树皮厚，耐火烧。

观赏特性 树形高大，雄壮魁梧，枝干舒展，花开时叶片落尽，花红如血，被人们视为英雄的象征。

生态功能 深根性树种，防风固土能力强。

建设用途 可用于交通主干道林带绿化和景观节点绿化。

美丽异木棉

木棉科 Bombacaceae

■ 学名 *Chorisia speciosa* A.St.-Hil. [*Ceiba speciosa*（A.St.-Hil.）Ravenna]

■ 别名 美人树、南美木棉

形态特征 落叶大乔木，高 10 ～ 15m。树干下部膨大，幼树树皮浓绿色，密生圆锥状皮刺，侧枝放射状水平伸展或斜向伸展。掌状复叶有小叶 5 ～ 9 片；小叶椭圆形，长 12 ～ 14cm。花单生，花冠淡紫红色，中心白色；花瓣 5，反卷，花丝合生成雄蕊管，包围花柱。冬季为开花期。蒴果椭圆形，种子次年春季成熟。

产地分布 原产南美。

适生区域 全省各地均可生长。

生长习性 强喜光，喜高温多湿气候，生长迅速，不耐旱。

观赏特性 树冠伞形，叶色青翠，成年树树干呈酒瓶状；冬季盛花期满树姹紫，秀色照人，是优良的观花乔木。

生态功能 防风固土能力强。

建设用途 可用于交通主干道林带绿化和景观节点绿化。

黄 槿

锦葵科 Malvaceae

■ 学名 *Hibiscus tiliaceus* L.

■ 别名 水杧、右纳、桐花、海麻、万年春、盐水面头果

形态特征 常绿灌木或小乔木，高 4 ～ 10m，树皮含纤维。叶革质，近圆形，长 7 ～ 15cm，先端突尖，基部心形，裂片圆形，表面深绿而光滑，背面灰白色并密生柔毛，革质。花黄色，内面基部暗紫色，倒卵形，外面密被黄色星状柔毛；单生或数朵排成总状花序；蒴果卵圆形，直径约 2cm，被茸毛，木质；种子光滑，肾形。花期 6 ～ 8 月，种子秋末至冬初成熟。

产地分布 原产于我国华南地区，日本、印度、马来西亚及大洋洲也有分布。

适生区域 适应于广东各地生长。

生长习性 喜光，喜温暖湿润气候，适应性特强，耐寒，耐干旱、瘠薄，耐盐，生长快。

观赏特性 树冠呈圆伞形，枝叶繁茂，花多色艳，花期甚长，花冠钟形。

生态功能 防风固沙能力强，可作海岸防沙、防风、防潮树种。

建设用途 可用于高潮滩红树林造林和景观节点绿化。

石 栗

大戟科 Euphorbiaceae

■ 学名 *Aleurites moluccana*（L.）Willd.

■ 别名 烛果树、黑桐油树、铁桐、油果、检果、油桃、海胡桃

形态特征 常绿乔木，高达18m。树冠圆锥状塔形，宜作行道树和绿荫树。嫩枝、幼叶及花序被灰褐色星状柔毛。叶互生，纸质，卵形至椭圆状披针形，顶端短尖，基部阔楔形或钝圆，稀浅心形，全缘或3～5浅裂，表面有光泽，嫩叶两面被星状微柔毛，成长叶上面无毛，下面疏生星状微柔毛或无毛；基出脉3～5条；叶柄顶端有2枚红色小腺体。圆锥花序顶生，花小，6～8mm，白色，雌雄同株，同序或异序。核果肉质，近球形或稍偏斜的圆球形，外被星状毛。种子1～2个，直径约5cm，圆球状，偏扁，种皮坚硬，有疣状突棱。花期4～10月，果期10～11月。

产地分布 原产马来西亚及夏威夷群岛。

适生区域 较宜生长在广东南部地区。

生长习性 速生。喜光，喜温暖热气候，生长力强，耐干旱，不耐寒，深根性，土质以砂质壤土为佳。

观赏特性 树干挺直，树冠浓密，遮阴效果好，叶片灰白色，与众不同，种子外形似贝壳的化石，灰色。

生态功能 深根性树种，防风固土能力强。

建设用途 可用于交通主干道和江河两侧山地绿化和景观节点绿化。

五月茶

大戟科 Euphorbiaceae

■ 学名 *Antidesma bunius*（L.）Spreng.

■ 别名 污槽树

形态特征 常绿乔木，高达 10m。小枝有明显皮孔；除叶背中脉、叶柄、花萼两面和退化雌雄蕊被短柔毛或柔毛外，其余均无毛。叶片纸质，长椭圆形、倒卵形或长倒卵形，长 8 ~ 23cm，宽 3 ~ 10cm，顶端急尖至圆，有短尖头，基部宽楔形或楔形，叶面深绿色，常有光泽，叶背绿色；侧脉每边 7 ~ 11 条，在叶面扁平，干后凸起，在叶背稍凸起；叶柄长 3 ~ 10mm；托叶线形，早落。雄花序为顶生的穗状花序，雌花序为顶生的总状花序，长 5 ~ 18cm；子房宽卵圆形，花柱顶生，柱头短而宽，核果近球形或椭圆形，成熟时红色；花期 3 ~ 5 月，果期 6 ~ 11 月。

产地分布 原产于江西、福建、湖南、广东、海南、广西、贵州、云南和西藏等地。

适生区域 广东各地均可生长。

生长习性 光照宜充足，喜高温，生长适宜温度为 22 ~ 32℃。土质以富含石灰质且排水良好的壤土为最佳。

观赏特性 叶深绿，红果累累，为美丽的观赏树。

生态功能 保持水土、涵养水源效果好。

建设用途 可用于交通主干道和江河两侧山地绿化和景观节点绿化。

秋 枫

大戟科 Euphorbiaceae

■ 学名 *Bischofia javanica* Bl.

■ 别名 常绿重阳木、大果重阳木

形态特征 常绿乔木，树高达40m，胸径2.5m，树干通直。叶互生，小叶3枚，卵形或长椭圆形，长7～15cm，先端渐尖，基部楔形，缘具钝齿。圆锥花序，多花，短于叶，花小，淡绿色。果球形，较大，径粗8～15cm，熟时呈紫褐色。花期3～4月，果期9～10月。

产地分布 原产我国南部以及印度、马来西亚、菲律宾至大洋洲。

适生区域 全省各地均生长良好。

生长习性 生长快速。喜光，喜温暖至高温多湿气候，耐水湿，耐寒性不如重阳木。根系发达，栽培不择土壤，移植易成活。抗风力强，抗大气污染。

观赏特性 树冠圆盖形，树姿壮观，枝叶繁茂，春季发出大量新叶更是青翠悦目。

生态功能 根系发达，防风固土能力强，可作水源林、防风林和护岸林树种。

建设用途 可用于交通主干道和江河两侧山地绿化和景观节点绿化。

重阳木

大戟科 Euphorbiaceae

■ 学名 *Bischofia polycarpa*（H.Lév.）Airy Shaw

■ 别名 乌杨、茄冬树、红桐

形态特征 落叶乔木，高达 15m，胸径可达 1m。树皮褐色，厚 6mm，纵裂；木材表面槽棱不显；树冠伞形状，大枝斜展，小枝无毛，当年生枝绿色，皮孔明显，灰白色，老枝变褐色，皮孔变锈褐色；芽小，顶端稍尖或钝，具有少数芽鳞；全株均无毛。三出复叶；叶柄长 9 ~ 13.5cm；顶生小叶通常较两侧的大，小叶片纸质，卵形或椭圆状卵形，有时长圆状卵形，顶端突尖或短渐尖，基部圆或浅心形，边缘具钝细锯齿每 1cm 长 4 ~ 5 个；顶生小叶柄长 1.5 ~ 4cm，侧生小叶柄长 3 ~ 14mm；托叶小，早落。花雌雄异株，春季与叶同时开放，组成总状花序；花序通常着生于新枝的下部，花序轴纤细而下垂；雄花序长 8 ~ 13cm，雌花序 3 ~ 12cm。雄花：萼片半圆形，膜质，向外张开，花丝短，有明显的退化雌蕊；雌花：萼片与雄花的相同，有白色膜质的边缘，子房 3 ~ 4 室，每室 2 胚珠，花柱 2 ~ 3，顶端不分裂。果实浆果状，圆球形，成熟时红褐色。花期 4 ~ 5 月，果期 10 ~ 11 月。

产地分布 原产于秦岭、淮河流域以南至福建和广东的北部。

适生区域 广东各地均可生长。

生长习性 暖温带树种，喜光也稍耐阴。喜温暖湿润气候和深厚肥沃的砂质壤土，对土壤酸碱性要求不严，较耐水湿。抗风、抗有毒气体，耐寒力较弱。

观赏特性 树姿优美，冠如伞盖，花叶同放，花色淡绿；秋叶转红，艳丽夺目。

生态功能 抗性较强，可用于厂矿、街道绿化。

建设用途 可用于交通主干道和江河两侧山地绿化和景观节点绿化。

蝴蝶果

大戟科 Euphorbiaceae

■ 学名 *Cleidiocarpon cavaleriei*（Levl.）Airy Shaw

■ 别名 山板栗、麦别

形态特征 常绿乔木，高达 30m，胸径 1m 以上。树皮灰色至灰褐色，嫩枝、花枝、果枝均具有星状毛。叶互生，集生于小枝顶端，椭圆形，先端渐尖，长 6 ~ 22cm，宽 2 ~ 6.5cm，上面深绿色，有光泽，下面浅绿色，侧脉 8 ~ 14 对；叶柄顶端稍膨大，具 2 个小而黑的腺体。果密被星状毛，具宿萼。种子灰褐色，近球形，直径 2.5cm，胚乳黄色，子叶 2，似蝴蝶状。花果期 5 ~ 11 月。

产地分布 原产云南东南部、广西西部和贵州东南部。

适生区域 全省各地均可生长。

生长习性 喜光，喜暖热气候。对土壤的适应性较强，酸性土与钙质土，砂壤土至黏土均能生长，但石砾土生长较慢。

观赏特性 枝叶浓绿，树形美观，宜作行道树和庭院风景树。

生态功能 水源涵养和水土保持功能强。

建设用途 可用于交通主干道林带绿化和山地绿化、江河两侧山地绿化以及景观节点绿化。

黄 桐

大戟科 Euphorbiaceae

■ 学名 *Endospermum chinense* Benth.

■ 别名 黄虫树

形态特征 常绿乔木，树高35m，胸径1m，干形通直高大，树皮灰褐色，平滑；嫩枝、花序、苞片及托叶均被黄色星状毛。叶片薄革质，互生，近圆形至椭圆形，长8～15cm，宽4～8cm，顶端钝，基部宽楔形或浑圆，全缘，两面被星状毛，黄色的大腺体2个。叶常聚生于枝顶部，脱落后叶痕显著。花单性异株，总状花序腋生于枝顶，苞片肥厚卵形。果圆球形，长约1cm，宽约0.7cm，密被星状黄毛，柄短；种子略具三棱的长圆柱状，黄褐色，长约7mm，宽3～4mm。花期5～6月，果期8～9月。

产地分布 原产我国海南、广东中南部以及广西，越南亦有分布。

适生区域 全省各地均生长良好。

生长习性 幼苗、幼树生长迅速。喜光，喜高温湿润气候。在土层深厚、肥沃、湿润的背风密林中常为上层立木。

观赏特性 树干通直圆满，高大挺拔，树叶大，亮泽光滑，是园林绿化的优良点缀树种。

生态功能 保持水土和涵养水源功能强。

建设用途 可用于交通主干道和江河两侧山地绿化以及景观节点绿化。

海 漆

大戟科 Euphorbiaceae

■ 学名 *Excoecaria agallocha* L.

形态特征 小乔木，高 2 ~ 5m，常有板根。叶互生，椭圆形，顶端短钝尖，基部钝圆；中脉粗壮，在腹面凹入，背面显著凸起，侧脉约 10 对，网脉不明显；叶柄粗壮，长 1.5 ~ 3cm，顶端具 2 个腺体。花雌雄异株，总状花序腋生。蒴果球形，直径约 1cm，具 3 浅沟，种子黑色，球形。花果期 1 ~ 9 月。

产地分布 分布于我国广东、广西、海南、台湾、香港沿海，亚洲热带和澳大利亚。

适生区域 适生于广东沿海。

生长习性 散生于高潮带以上的红树林内缘，也可生长在不受潮汐影响的地段。

观赏特性 乳汁有毒性，可引起皮肤红肿、发炎，暂未驯化为观赏植物。

生态功能 真红树种类，适合沿海中高滩涂种植。

建设用途 可用于红树林造林。

山乌桕

大戟科 Euphorbiaceae

■ 学名 *Triadica cochinchinensis* [*Sapium discolor*（Champ. ex Benth.）Muell.Arg.]

■ 别名 红叶乌桕

形态特征 落叶乔木，高 12m。树皮暗褐色。小枝灰褐色，有皮孔。叶椭圆形，长 3 ~ 10cm，宽 2 ~ 5cm，先端尖或钝，下面粉绿色；叶柄长 2 ~ 7.5cm。花序长 4 ~ 9cm。果球形，径 1 ~ 1.5cm；种子近球形，黑色，径 3 ~ 4mm，外被蜡质。花期 4 ~ 12 月。

产地分布 原产我国西南、华南和华东，印度尼西亚也有分布。

适生区域 广东各地均可生长。

生长习性 喜光，喜深厚湿润的土壤。抗污染能力强。

观赏特性 春季嫩叶和秋季老叶呈红色，是很好的色叶植物。

生态功能 种子为鸟类喜爱的食物，是招鸟树种。

建设用途 可用于交通主干道和江河两侧山地绿化以及景观节点绿化。

乌　桕

大戟科 Euphorbiaceae

■ 学名　*Triadica sebifera*（L.）Small

■ 别名　柏籽、蜡蛹树

形态特征　落叶乔木，高 15m；树皮暗灰色。小枝细。叶菱状卵形，长 5 ～ 9cm，先端尾状长渐尖，基部宽楔形，秋季落叶前常变为红色。花序长 5 ～ 10cm，花黄绿色。果扁球形，径 1.5cm，熟时黑褐色，3 裂；种子黑色，外被白蜡，固着于中轴上，经冬不落。花期 4 ～ 7 月，果期 10 ～ 11 月。

产地分布　原产我国秦岭、淮河流域以南各地，日本、越南、印度也有分布。

适生区域 全省均可生长良好。

生长习性 喜光，适温暖气候，耐水湿，多生田边和溪畔，在土层深厚山地生长良好，宜钙质土，在酸性土及轻碱地生长也良好，但不耐干燥瘠薄土壤。抗风、抗火烧，对二氧化硫及氯化氢抗性强。

观赏特性 树冠整齐，树形优雅，叶形秀丽，秋冬季节叶色变红，十分美观。

生态功能 根系发达，防风固土能力强，可作为沿海防护林树种。

建设用途 可用于交通主干道和江河两侧山地绿化以及景观节点绿化。

油 桐

大戟科 Euphorbiaceae

■ 学名 *Vernicia fordii*（Hemsl.）Airy Shaw

■ 别名 桐油树、桐子树

形态特征 落叶乔木，高达10m。树皮灰色，近光滑；枝条粗壮，无毛，具明显皮孔。叶卵圆形，长8～18cm，宽6～15cm，顶端短尖，基部截平至浅心形，全缘，稀1～3浅裂。成长叶上面深绿色，无毛，下面灰绿色，被伏贴微柔毛；掌状脉5～7条；叶柄与叶片近等长，几无毛，顶端有2枚扁平、无柄腺体。花雌雄同株，先叶或与叶同时开放；花瓣白色，有淡红色脉纹，倒卵形；子房3～5室，每室1胚珠。核果近球形，果皮光滑。种子木质。花期3～4月，果期8～9月。

产地分布 原产我国陕西、河南、江苏、安徽、浙江、江西、福建、湖南、湖北、广东、海南、广西、四川、贵州、云南等地，越南也有分布。

适生区域 广东各地均能生长。

生长习性 喜光，喜温暖湿润气候，不耐寒，不耐水湿及干瘠，在背风向阳的缓坡地带，以及深厚、肥沃、排水良好的酸性、中性或微石灰性土壤上生长良好。对二氧化硫污染极为敏感，可作大气中二氧化硫污染的监测植物。

观赏特性 树冠圆整，叶大荫浓，花大而美丽，可植为行道树和庭荫树。

生态功能 落叶丰富，能改善土壤结构和增加土壤有机质。

建设用途 可用于交通主干道林带绿化和山地绿化、江河两侧山地绿化以及景观节点绿化。

千年桐

大戟科 Euphorbiaceae

■ 学名 *Vernicia montana* Lour.

■ 别名 木油桐、皱果桐、山桐

形态特征 落叶乔木，高达 20m。枝条无毛，散生突起皮孔。叶阔卵形，长 8 ~ 20cm，宽 6 ~ 18cm，顶端短尖至渐尖，基部心形至截平，全缘或 2 ~ 5 裂，裂缺常有杯状腺体，两面初被短柔毛，成长叶仅下面基部沿脉被短柔毛，掌状脉 5 条；叶柄长 7 ~ 17cm，无毛，顶端有 2 枚具柄的杯状腺体。花序生于当年生已发叶的枝条上，雌雄异株或有时同株异序；花萼无毛；花瓣白色或基部紫红色且有紫红色脉纹，倒卵形，基部爪状；子房密被棕褐色柔毛，3 室，花柱 3 枚，2 深裂。核果卵球状，种子扁球形，种皮厚，有疣突。花期 4 ~ 5 月。

产地分布 原产我国浙江、江西、福建、台湾、湖南、广东、海南、广西、贵州、云南等地；越南、泰国、缅甸也有分布。

适生区域 全省均可生长良好。

生长习性 喜光，不耐荫蔽；喜暖热多雨气候，适生于红壤山地。

观赏特性 树姿优美，开花雪白壮观。

生态功能 适应力强，是较好的荒山绿化树种。

建设用途 可用于交通主干道林带绿化和山地绿化、江河两侧山地绿化以及景观节点绿化。

桃

蔷薇科 Rosaceae

■ 学名 *Amygdalus persica* L.

■ 别名 桃树

形态特征 落叶小乔木，高 3 ~ 8m。树冠宽广而平展；树皮暗红褐色，老时粗糙呈鳞片状；小枝细长，无毛，有光泽，绿色，向阳处转变为红色，具大量小皮孔；叶片长圆披针形、椭圆披针形或倒卵状披针形，长 7 ~ 15cm，宽 2 ~ 3.5cm，先端渐尖，基部宽楔形，上面无毛，下面在脉腋间具少数短柔毛或无毛，叶边具细锯齿或粗锯齿，齿端具腺体或无腺体；叶柄粗壮，常具 1 至数枚腺体，有时无腺体。花单生，先于叶开放；花梗极短或几无梗；萼筒钟形，被短柔毛，稀几无毛，绿色而具红色斑点；花瓣长圆状椭圆形至宽卵形，粉红色，罕为白色；雄蕊约 20 ~ 30，花药绯红色；花柱几与雄蕊等长或稍短；子房被短柔毛。果实形状和大小均有变异，卵形、宽椭圆形或扁圆形，色泽变化由淡绿白色至橙黄色，常在向阳面具红晕，外面密被短柔毛，稀无毛。花期 3 ~ 4 月，果期通常为 8 ~ 9 月。

产地分布 原产我国西北地区。

适生区域 全省各地均可生长。

生长习性 喜光，耐旱，喜肥沃而排水良好的土壤，较耐盐碱，不耐水湿，碱性土及黏重土均不适宜。喜夏季高温，有一定的耐寒力，忌大风。

观赏特性 桃花烂漫芳菲，妩媚可爱，盛花时节皆“桃之夭夭，灼灼其华”。

生态功能 可用于景区绿化，发展生态旅游。

建设用途 可用于交通主干道林带绿化和景观节点绿化。

梅

蔷薇科 Rosaceae

- 学名 *Armeniaca mume* Sieb.
- 别名 酸梅、乌梅

形态特征 落叶小乔木，高 4 ～ 10m。树皮浅灰色或淡绿色，平滑；小枝绿色，侧芽单生，无顶芽，无毛。叶纸质，卵形或椭圆形，长 4 ～ 8cm，宽 2.5 ～ 5cm，顶端尾尖，基部楔形或圆形，边缘有锯齿，灰绿色，两面无毛或在下面被短柔毛；叶柄长 1 ～ 2cm，常有腺体。花白色或淡红色，芳香，先叶开放，单生或有时 2 朵同生于一芽内，花梗长 1 ～ 3mm，常无毛；花萼通常红褐色，有时为绿色或绿紫色；花瓣倒卵形；子房密被柔毛；果近球形，黄色或淡青色，被柔毛，味酸；果肉与核黏贴；核椭圆球形，有窝孔和槽纹。花期冬春季，果期 5 ～ 6 月。

产地分布 原产我国南方。我国各地均有栽培，日本和朝鲜也有。

适生区域 全省各地均可生长。

生长习性 喜光，性喜温暖而略潮湿的气候，有一定的耐寒力。对土壤要求不严，较耐瘠薄土壤，忌积水，忌大风。

观赏特性 花芳香、美丽，栽植于庭园供观赏。广州近郊萝岗广植梅树，每当冬季梅花盛开之时，游人如鲫，故有“萝岗香雪”之称。

生态功能 可用于景区绿化，发展生态旅游。

建设用途 可用于交通主干道林带绿化和景观节点绿化。

樱　花

蔷薇科 Rosaceae

■ 学名　*Cerasus serrulata*（Lindl.）Loudon

■ 别名　山樱花

形态特征　落叶乔木，高 3 ~ 8m。树皮近灰褐色或灰黑色，小枝无毛，叶卵状椭圆形或倒卵状椭圆形，长 5 ~ 9cm，宽 2.5 ~ 5cm，顶端渐尖，基部圆形，边缘有芒状锯齿，齿尖有小腺体，两面无毛，侧脉 6 ~ 8 对；叶柄长 1 ~ 1.5cm，无毛，顶端有 1 ~ 3 个圆形腺体；托叶线形，边有腺齿，早落。伞房总状或近伞房花序，有花 2 ~ 3 朵；总苞片褐红色，倒卵状长圆形，外面无毛，内面被长柔毛；花白色，稀粉红色，花叶同开；花梗长 1.5 ~ 2.5cm，无毛或有疏柔毛；萼筒管状，顶端扩大，萼裂片三角状披针形；花瓣倒卵形，顶端下凹；核果球形或近球形，紫黑色。花期 4 ~ 5 月，果期 6 ~ 7 月。

产地分布　原产日本，印度北部，我国长江流域和台湾，朝鲜。世界各地均有栽培。

适生区域　较宜生长在粤北地区。

生长习性 喜阳光，喜深厚肥沃而排水良好的土壤。有一定耐寒能力，根系较浅。对烟尘、有害气体及海潮风的抵抗力均较弱。

观赏特性 樱花既有梅之幽香，又有桃之艳丽，观赏价值高。有古诗："樱桃千万枝，照耀如雪天，王孙宴其下，隔水疑神仙"。

生态功能 可用于景区绿化，发展生态旅游。

建设用途 可用于交通主干道林带绿化和景观节点绿化。

碧　桃

蔷薇科 Rosaceae

■ 学名　*Amygdalus persica* L.　‘Duplex’
■ 别名　粉红碧桃、千叶桃花

形态特征　落叶小乔木，高达 8m。小枝红褐色或褐绿色。单叶互生，椭圆状披针形，先端长尖，边缘有粗锯齿。花单生，先叶开放，花瓣长圆状椭圆形至宽倒卵形，粉红色或红色。核果卵球形。花期 3 ~ 4 月。

产地分布　原产我国西北、华北、华东、西南等地。

适生区域　全省各地均可生长。

生长习性 喜阳光充足环境，耐旱，耐高温，较耐寒，畏涝怕碱，喜排水良好的砂壤土。

观赏特性 花色艳丽，树形较大，观赏效果好，为春季不可缺少的观花树木。

生态功能 可用于景区绿化，发展生态旅游。

建设用途 可用于交通主干道林带绿化和景观节点绿化。

大叶相思

含羞草科 Mimosaceae

■ 学名 *Acacia auriculiformis* A.Cunn. ex Benth.

■ 别名 耳叶相思

形态特征 常绿乔木。树冠长卵球形。树皮灰褐色，老皮粗糙。幼苗为羽状复叶，后退化为叶状柄，叶状柄互生，上弦月形，纵向平行脉 3 ~ 7 条。穗状花序腋生，花黄色。荚果扭曲。花期 7 ~ 8 月及 10 ~ 12 月，果期长，12 月至翌年 5 月。

产地分布 原产澳大利亚、巴布亚新几内亚、印度尼西亚等地。

适生区域 广东大部分地区都可生长。

生长习性 喜光，喜温暖湿润气候。对立地条件要求不苛刻，耐旱瘠，在酸性沙土和砖红壤上生长良好，也适于透水性强、含盐量高的海滨沙滩。

观赏特性 树冠茂密，花橙黄色，十分美丽。

生态功能 根系发达，具根瘤，能改善土壤，增加土壤肥力。

建设用途 可用于交通主干道和江河两侧山地绿化、沿海基干林带绿化以及沿海第一重山范围山地绿化。

台湾相思

含羞草科 Mimosaceae

■ 学名 *Acacia confusa* Merr.

■ 别名 相思树

形态特征 常绿乔木，高 15m。树冠卵圆形。叶互生，幼苗为羽状复叶，后退化为叶状柄，叶状柄线状披针形，具纵平行脉 3 ～ 5 条，革质。头状花序腋生，圆球形，花黄色，微香。荚果扁平带状。花期 3 ～ 8 月，果期 7 ～ 10 月。

产地分布 原产我国台湾，东南亚也有分布。

适生区域 适宜于广东各地生长。

生长习性 喜光，喜暖热气候，亦耐低温、耐半阴。喜酸性土壤，耐旱瘠土壤、耐短期水淹。

观赏特性 树冠苍翠绿荫，花黄色，花量大，具香气。

生态功能 具根瘤，能固定大气中的游离氮，是荒山造林的先锋树种，又是防护林、水土保持林、四旁绿化的主要树种。

建设用途 可用于交通主干道和江河两侧山地绿化、沿海基干林带绿化以及沿海第一重山范围山地绿化。

南洋楹

含羞草科 Mimosaceae

■ 学名 *Falcataria moluccana*（Miq.）Barneby et J.W.Grimes

■ 别名 仁仁树、仁人木

形态特征 常绿大乔木，树干通直，树高达45m，胸径1.2m以上。嫩枝圆柱状或微有棱，被柔毛。托叶锥形，早落。羽片6～20对，上部的通常对生，下部的有时互生；总叶柄基部及叶轴中部以上羽片着生处有腺体；小叶6～26对；无柄，菱状长圆形，长1～1.5cm，宽3～6cm，先端急尖，基部圆钝或近截形；中脉偏于上边缘。穗状花序腋生，单生或数个组成圆锥花序；花初白色，后变黄；花萼钟状，长2.5mm；花瓣长5～7mm，密被短柔毛，仅基部连合。荚果带形，长10～13cm，宽1.3～2.3cm，熟时开裂；种子多颗，长约7mm，宽约3mm。花期4～7月。

产地分布 原产马来群岛。

适生区域 适应于广东南部地区生长。

生长习性 喜光，不耐庇荫。喜高温多湿气候，不耐干旱，也不耐寒，喜深厚、湿润、疏松的酸性土壤，但土壤黏重、干旱瘠薄和低洼积水，则生长不良。

观赏特性 树冠宽阔，树体高大，树干圆浑而枝叶秀丽，为良好的园林风景树。

生态功能 有根瘤菌，具固氮作用，可节省肥料施用。

建设用途 可用于交通主干道和江河两侧山地绿化。

银合欢

含羞草科 Mimosaceae

■ 学名　*Leucaena leucocephala*（Lam.）de Wit

■ 别名　白合欢

形态特征　灌木或小乔木，高 2 ～ 6m。幼枝被短柔毛，老枝无毛，具褐色皮孔，无刺；托叶三角形，小。羽片 4-8 对，长 5 ～ 9（～ 16）cm，叶轴被柔毛，在最下一对羽片着生处有黑色腺体 1 枚；小叶通常 5 ～ 15 对，线状长圆形，长 7 ～ 13mm，宽 1.5 ～ 3mm，先端急尖，基部楔形，边缘被柔毛，中脉偏向小叶上缘，两侧不等宽。头状花序常 1 ～ 2 个腋生，直径 2 ～ 3cm，苞片紧贴、被毛、早落；总花梗长 2 ～ 4cm；花白色，花萼长约 3mm，顶端具 5 细齿，外面被柔毛；花瓣狭倒披针形，长约 5mm，背被疏柔毛；雄蕊 10 枚，通常被疏柔毛；子房具短柄，上部被柔毛，柱头凹下呈杯状。荚果带状，长 10 ～ 18cm，宽 1.4 ～ 2cm，顶端凸尖，基部有柄，纵裂，被微柔毛；种子 6 ～ 25 颗，卵形，褐色，光亮；花期 4 ～ 7 月，果期 8 ～ 10 月。

产地分布 原产热带美洲。广泛分布于世界热带、亚热带地区。

适生区域 广东各地均能生长。

生长习性 喜光、喜温暖气候，土壤以微碱性、排水良好的砂质土为佳，耐旱、耐贫瘠。

观赏特性 枝叶婆娑，花白色，素雅优美。

生态功能 坡地保持水土效果良好，也可用于立地条件苛刻地段绿化。

建设用途 可用于交通主干道和江河两侧山地绿化。

红花羊蹄甲

苏木科 Caesalpiniaceae

■ 学名 *Bauhinia blakeana* Dunn

■ 别名 洋紫荆、红花紫荆

形态特征 常绿乔木，高 10m。分枝多，小枝细长，被毛。叶革质，近圆形或阔心形，长 8.5 ~ 13cm，宽 9 ~ 14cm，基部心形，有时近截平，先端 2 裂约为叶全长的 1/4 ~ 1/3，裂片顶钝或狭圆，上面无毛，下面疏被短柔毛；基出脉 11 ~ 13 条；叶柄长 3.5 ~ 4cm，被褐色短柔毛。总状花序顶生或腋生，有时复合成圆锥花序，被短柔毛；苞片和小苞片三角形，长约 3mm；花大，美丽；花蕾纺锤形；萼佛焰状，长约 2.5cm，有淡红色和绿色线条；花瓣红紫色，具短柄，倒披针形，连柄长 5 ~ 8cm，宽 2.5 ~ 3cm，近轴的 1 片中间至基部呈深紫红色；能育雄蕊 5 枚，其中 3 枚较长；退化雄蕊 2 ~ 5 枚，丝状，极细；子房具长柄，被短柔毛。通常不结果。花期全年，3 ~ 4 月为盛花期。

产地分布 原产我国香港，为一杂交种。

适生区域 广东各地均能生长。

生长习性 喜光，喜温暖至高温湿润气候，适应性强，耐寒，耐干旱和瘠薄，对土壤不甚选择。耐烟尘、抗大气污染、但不抗风。

观赏特性 树冠平展如伞，枝条柔软稍垂，花序连串，花大色艳，花期长，叶形如羊蹄，极为奇特。

生态功能 涵养水源功能较强。

建设用途 可用于交通主干道林带绿化和景观节点绿化。

羊蹄甲

苏木科 Caesalpiniaceae

■ 学名 *Bauhinia purpurea* L.

■ 别名 紫花羊蹄甲、玲甲花

形态特征 常绿小乔木，高 7 ~ 10m。树皮灰色至褐色，近平滑叶近心形，长 11 ~ 14（18）cm，二裂至 1/3 ~ 1/2，裂片先端圆或钝，基部圆或心形，基脉（7）9 ~ 11，下面被柔毛或无毛。花序复总状花或圆锥状；花大，萼筒长 7 ~ 13mm，二裂至基部，裂片外反，长 2 ~ 2.5cm，1 片先端微缺，1 片具 3 齿；花瓣长 4 ~ 5cm，淡红色；发育雄蕊 3（4）；子房具长柄，被绢毛。果带状镰形；种子 12 ~ 15，近圆形，扁平，径 12 ~ 15mm，深褐色。花期 9 ~ 11 月，果期 2 ~ 3 月。

产地分布 原产我国南部；印度、斯里兰卡、中南半岛也有分布。

适生区域 广东各地均可生长。

生长习性 耐旱，速生，2 年生即可开花，喜阳光和温暖、潮湿环境，不耐寒。

观赏特性 树姿优雅，花粉红色，具有很高的观赏价值，世界亚热带地区广泛栽培为行道树和庭园树。

生态功能 涵养水源功能较强。

建设用途 可用于交通主干道林带绿化和景观节点绿化。

宫粉羊蹄甲

苏木科 Caesalpiniaceae

■ 学名 *Bauhinia variegata* L.

■ 别名 红紫荆、红花紫荆、弯叶树

形态特征 半落叶乔木，高达 5 ～ 8m。叶革质较厚，圆形至广卵形，宽大于长，长 7 ～ 10cm，叶基圆形至心形，叶端 2 裂，裂片为全长的 1/4 ～ 1/3，裂片端浑圆，基有掌状脉 11 ～ 15 条。花大而显著，约 7 朵排成伞房状总状花序，花粉红色，有紫色条纹，芳香，花萼裂成佛焰苞，先端具 5 小齿，花瓣倒广披针形至倒卵形，发育雄蕊 5 枚。荚果扁条形。花期 6 月。

产地分布 分布我国福建、广东、广西、云南等地，越南、印度均有分布。

适生区域 广东各地均能生长。

生长习性 喜阳光和温暖、潮湿环境，不耐寒。宜湿润、肥沃、排水良好的酸性土壤，栽植地应选阳光充足的地方。

观赏特性 花粉红色，芬芳，早于新叶开放，满树鲜花怒放，十分烂漫。

生态功能 固土能力较强。

建设用途 可用于交通主干道林带绿化和景观节点绿化。

腊肠树

苏木科 Caesalpinaceae

■ 学名 *Cassia fistula* L.

■ 别名 阿勃勒、波斯皂荚

形态特征 落叶乔木，高 15m。偶数羽状复叶，小叶 4 ～ 8 对，卵形至椭圆形，两面均被微柔毛。总状花序疏散下垂，花淡黄色。荚果圆柱形，黑褐色，长 30 ～ 60cm，有 3 槽纹，不开裂。种子心形，种子间有横隔膜。花期 6 ～ 7 月，果熟于翌年 5 ～ 6 月。

产地分布 原产于印度、斯里兰卡及缅甸。

适生区域 较宜生长在珠江三角洲和粤西地区。

生长习性 喜光，喜温暖湿润气候，不耐寒。喜背风、肥沃、中性冲积土、排水良好的环境。

观赏特性 腊肠树为热带著名的观赏树种，其树形高大，树冠如盖，遮荫效果良好。在炎炎夏日，腊肠树的花朵次第开放，累累枝头，满树黄金。

生态功能 落叶丰富，能改善土壤有机质，增加土壤肥力。

建设用途 可用于交通主干道林带绿化和景观节点绿化。

铁刀木

苏木科 Caesalpiniaceae

■ 学名 *Senna siamea*（Lam.）H. S. Inwin et Barneby（*Cassia siamea* Lam.）

■ 别名 黑心树、黄肉桂、孟买黑木

形态特征 常绿乔木，高 20m，胸径 1m。树皮幼时灰白色，平滑，老则灰黑色，细纵裂。小枝具棱。小叶 6 ~ 11 对，椭圆形，长 4.5 ~ 7.5cm，先端钝，微凹，具短尖，基部圆，下面粉白色。花序顶生，花大，雄蕊 10，7 枚发育，3 枚退化；子房无柄。果长（10）15 ~ 30cm，宽 1 ~ 1.5cm，边缘加厚，紫褐色，被细毛；种子 20 ~ 30，较扁，近圆形，黑褐色。花期 7 ~ 12 月，果期 1 ~ 4 月。

产地分布 原产我国云南、华南地区。印度、缅甸、泰国等也有分布。

适生区域 全省均可生长。

生长习性 喜光或稍耐阴。喜暖热气候，忌霜冻。适生于湿润肥沃、石灰性及中性冲积土，忌积水；颇耐干燥瘠薄土壤。抗烟、抗风性好。

观赏特性 枝叶苍翠，树姿优雅，花期长，花金黄色生于枝顶，观赏价值很高。

生态功能 抗风性强，为优良防护林树种。

建设用途 可用于交通主干道林带绿化和山地绿化、江河两侧山地绿化和景观节点绿化。

黄 槐

苏木科 Caesalpiniaceae

■ 学名 *Senna surattensis*（Burm. f.）H. S. Inwin et Barneby（*Cassia surattensis* Burm.f.）

■ 别名 黄槐决明、粉叶决明

形态特征 半落叶小乔木，高7m。偶数羽状复叶，小叶7～9对，椭圆形至卵形，长2～5cm。总状花序生于枝条上部叶腋，花鲜黄至深黄色。荚果条形，扁平，有柄。全年均可开花结果。

产地分布 原产印度、斯里兰卡、印度尼西亚、澳大利亚等热带地区。

适生区域 广东各地生长良好。

生长习性 中性偏喜光，幼树能耐阴，成年树喜充分阳光。肥力一般的低丘缓坡及路旁均能生长。耐短期低温及一般霜冻，耐干旱，不抗风，不耐积水洼地。浅根性树种，抗风性差。

观赏特性 枝叶茂密，树姿优美，花期长，常年有花，花色金黄，观赏价值极高。

生态功能 维护生态系统的动态平衡，为梨花迁粉蝶、镉黄迁粉蝶、宽边黄粉蝶、檗黄粉蝶和菜灰蝶等物种创造适宜的栖息生境。

建设用途 可用于交通主干道林带绿化和景观节点绿化。

凤凰木

苏木科 Caesalpiniaceae

■ 学名 *Delonix regia*（Boj.）Raf.

■ 别名 红花楹、火树、金凤凰、凤凰花

形态特征 落叶乔木，高达 20m，胸径 1m。树皮灰黑色，粗糙，小枝稍被毛。二回偶数羽状复叶、互生，托叶羽状分裂，羽片 15 ～ 20 对。每羽有小叶 20 ～ 30 对。小叶长椭圆形，密集，长 4 ～ 8cm，宽 3 ～ 4cm，先端钝，基部偏斜，两边被细柔毛，中脉明显。总状花序顶生或腋生，花大，花萼外面红色，极美丽，顶生一片有黄色及白色斑纹；雄蕊 10 枚，红色；子房无柄。荚果长带状，长达 50cm，宽约 5cm，扁平，成熟时黑褐色，开裂。种子压扁、长圆形，长 2 ～ 2.3cm，宽 1.2cm。花期 5 月，果熟期 10 月。

产地分布 原产马达加斯加，世界热带地区广为栽培，我国广东中部以南栽培普遍。

适生区域 较宜生长于广东中部以南地区。

生长习性 生长旺盛，快速，在阳光充沛、高温、湿润、肥沃、疏松、排水良好的土壤上，生长最茂密翠绿。年高生长 1.2 ～ 1.5m，胸径 1.0cm，适应性强，耐干旱、耐瘠薄。砂壤土和干燥性红砂壤及砖红壤、黄壤性质土上都能正常生长。

观赏特性 因“叶如飞凰之羽，花若丹凤之冠”，故取名凤凰木。本种树冠呈广卵形，树姿优雅，二回羽状复叶如大型的羽毛，翠绿而柔嫩，给人以清新潇洒之感。夏季盛花期，花红似火，是著名的热带观赏树种。

生态功能 根系有固氮根瘤菌，可节省肥料的施用。凤凰木每年落叶量比较大，大量的落叶为地被植物提供良好的覆盖物，起到保湿保温、改善土壤有机质含量和结构、增加土壤肥力的作用。

建设用途 可用于交通主干道林带绿化和景观节点绿化。

格 木

苏木科 Caesalpiniaceae

■ 学名 *Erythrophleum fordii* Oliv.

■ 别名 铁木、斗登风、孤坟柴、赤叶柴

形态特征 常绿乔木，高达30m，胸径可达1.2m。树皮灰褐色或黑褐色。叶为二回羽状复叶，小叶互生，卵形或卵状椭圆形。总状花序圆柱形，长约10 ~ 20cm，被黄褐色短柔毛，数枚排列成腋生的圆锥花序；淡黄绿色的花瓣有5瓣。荚果扁平带状，近木质，长7 ~ 21cm，宽3 ~ 4cm，棕褐色或黑褐色。种子稍扁长圆形，颜色黄褐。花期3 ~ 4月，果期10 ~ 11月。

产地分布 分布我国广西、广东、台湾。越南也有分布。

适生区域 全省均可生长。

生长习性 幼树喜光，如果长期处于林荫下，则生长不良甚至死亡。幼苗和幼树都不耐寒。对土壤要求较高，喜土层深厚、肥沃、湿润的酸性土壤至轻黏土。

观赏特性 树冠浓郁苍翠，花色乳黄，观赏价值高。十分珍贵的硬材树种，木材坚硬，极耐腐，是优良的建筑、工艺及家具用材。

生态功能 水源涵养、水土保持功能较强。

建设用途 可用于交通主干道和江河两侧山地绿化。

仪　花

苏木科 Caesalpiniaceae

■ 学名 *Lysidice rhodostegia* Hance

■ 别名 红花树、假格木、铁罗伞

形态特征 常绿乔木，高达20m。树皮灰白至暗灰色，树冠近球形或扁球形。偶数羽状复叶，小叶3～6对，椭圆形，基部微偏斜，长4～15cm，先端尖，基部圆或楔形。圆锥花序顶生，长15～30cm，苞片粉红色，花白色或紫堇色。荚果扁平、条形，长15～25cm。花期5～7月，果期9～10月。

产地分布 原产我国云南、贵州、海南、广东、广西和台湾等地，越南也有分布。

适生区域 广东各地均可生长。

生长习性 喜光，喜温暖湿润的气候；耐瘠薄，但以在深厚肥沃、排水良好、富含腐殖有机质的土壤上生长较好。不耐霜，生育适温为 20 ～ 30℃。

观赏特性 仪花树冠宽阔，树干高直，树姿雄伟。花多，花色美丽，开放时一片紫红。树冠浓绿，可作行道树、庭院树。

生态功能 涵养水源、保持水土功能较强。

建设用途 可用于交通主干道林带绿化和景观节点绿化。

无忧树

苏木科 Caesalpiniaceae

■ 学名 *Saraca dives* Pierre

■ 别名 无忧花、火焰花

形态特征 常绿乔木，高达 25m，胸径 40cm。羽状复叶有小叶 5 ~ 6 对。小叶近革质，长椭圆形或卵状披针形，长 15 ~ 25cm，嫩时红色。总状花序腋生，花两性或单性；花萼管长 1.5 ~ 3cm，顶端有 4 枚裂片；裂片卵形，长约 1.5cm，橙黄色；花瓣退化。夏季为开花期。荚果带形，长 22 ~ 30cm。种子秋季成熟。

产地分布 原产我国云南东南部、广东和广西西南部以及越南、老挝。

适生区域 较宜生长在广东南部地区。

生长习性 属偏喜光树种，幼苗需庇荫，大树喜欢充足的阳光，喜高温湿润气候。人工引种至酸性土壤，亦能生长良好。对水肥条件要求稍高，排水需良好，干旱瘠薄土壤生长不良。能耐轻霜及短期0℃左右低温。

观赏特性 树形美观，枝叶深密，特别是其幼叶形如花穗成串，微风摇曳，无忧无虑，婀娜可爱。其艳丽的花朵初夏盛开，极其烂漫。

生态功能 涵养水源功能强。

建设用途 可用于交通主干道林带绿化和景观节点绿化。

降香黄檀

蝶形花科 Papilionaceae

■ 学名 *Dalbergia odorifera* T. Chen

■ 别名 花梨木、海南檀

形态特征 半落叶乔木，高 20m，胸径 80cm；树皮黄灰色，粗糙。小叶（7）9 ~ 13，卵形或椭圆形，长 4 ~ 7cm，宽 1.5 ~ 2.5cm，先端钝尖，基部圆或宽楔形，两面被毛。复聚伞花序腋生，长 8 ~ 10cm，花冠淡黄或乳白色，雄蕊 9，单体。果舌状长圆形，长 4.5 ~ 8cm，宽 1.5 ~ 1.8cm；种子 1（2）。花期 3 ~ 4 月，果期 10 ~ 11 月。

产地分布 海南特产。

适生区域 较宜生长在广东中部以南地区。

生长习性 生长良好。喜光，天然林生长慢，人工林生长迅速。对立地条件要求不严，在陡坡、山脊、岩石裸露、干旱瘦瘠地均能适生。

观赏特性 珍贵树种，与紫檀木、鸡翅木、铁力木并称中国古代四大名木，树形美观。木材黄红褐色，有光泽，纹理斜或交错，有香气，心材耐腐性强，供高级家具。

生态功能 水源涵养、水土保持功能较强。

建设用途 可用于交通主干道和江河两侧山地绿化和景观节点绿化。

鸡冠刺桐

蝶形花科 Papilionaceae

- 学名 *Erythrina crista-galli* L.
- 别名 巴西刺桐

形态特征 落叶灌木或小乔木，高可达 6m。茎和叶柄稍具皮刺。羽状复叶具 3 小叶，革质，叶柄基部有一对腺体；小叶长卵形或披针状长椭圆形，长 7 ~ 10cm，宽 3 ~ 4.5cm，先端钝，基部近圆形，花与叶同出，总状花序顶生，每节有花 1 ~ 3 朵；花深红色，长 3 ~ 5cm，稍下垂或与花序轴成直角；花萼钟状，先端二浅裂，子房有柄，具细茸毛；荚果木质，长约 15cm，褐色；种子大，亮褐色。花期 4 ~ 7 月。

产地分布 原产巴西。我国台湾、广东、云南可栽培。

适生区域 广东各地均可生长。

生长习性 喜光，喜温暖湿润气候，但具有较强的耐寒能力。适应性强，生性强健，耐旱且耐贫瘠。对土壤要求不严，但排水良好的肥沃壤土或砂质壤土生长最佳。

观赏特性 美丽的观花树种，为高级行道树种。树态优美，花繁且艳丽，花形独特，如鸡冠般，显得鲜艳夺目。

生态功能 抗盐碱能力强，可用于海边防护林绿化。

建设用途 可用于交通主干道林带绿化和景观节点绿化。

刺　桐

蝶形花科 Papilionaceae

■ 学名　*Erythrina variegata* L.

■ 别名　海桐、山芙蓉、象牙红

形态特征　半落叶乔木，高 10 ～ 15m，树皮灰褐色，枝有明显叶痕及短锥形的黑色直刺，髓部疏松，颓废部分成空腔。羽状复叶具 3 小叶，顶端 1 枚较大，宽卵状三角形，长 10 ～ 20cm，小托叶变为宿存腺体；小叶膜质，宽卵形或菱状卵形，先端渐尖而钝，基部宽楔形；基脉 3 条，侧脉 5 对。总状花序腋生，长约 15cm，花多而密。萼佛焰状，萼口偏斜，一边开裂至基部，花冠红色，顶端尖，翼瓣与龙骨瓣近相等，短于萼。荚果厚，念珠状，微弯，先端不育。种子 1 ～ 8 颗，肾形，暗红色。花期 3 月，果期 8 月。

产地分布 原产中国华南、印度至大洋洲，马来西亚、印度尼西亚、柬埔寨、老挝、越南有分布。

适生区域 广东各地均能生长。

生长习性 喜光,喜温暖湿润气候,耐干旱,耐海潮,抗风,抗大气污染。生长较快,不耐寒。

观赏特性 树干挺拔，枝叶茂盛，开花时节，花色艳红，花形如火红的辣椒，是著名的观赏植物。

生态功能 防护功能较强。

建设用途 可用于交通主干道林带绿化和景观节点绿化。

海南红豆

蝶形花科 Papilionaceae

■ 学名 *Ormosia pinnata*（Lour.）Merr.

■ 别名 大萼红豆、羽叶红豆、鸭公青、食虫树、万年青

形态特征 常绿乔木，树高达15m，胸径60cm，树干通直，树冠圆伞形。树皮灰色或灰黑色，木质部有黏液，幼枝被淡褐色短柔毛，渐变无毛。奇数羽状复叶，互生，长15～20cm；小叶7～9枚，薄革质，披针形，长6～15cm，亮绿色。圆锥花序顶生；花萼钟状，比花梗长，被柔毛，萼齿阔三角形；花冠黄白色略带粉红。荚果微成念珠状，成熟时黄色。种子椭圆形，种皮红色。花期7～8月，果实冬季成熟。

产地分布 原产我国广东西南部、海南、广西南部，越南，泰国。

适生区域 较宜生长于广东西南部。

生长习性 小苗、幼树耐阴，壮龄后喜光、喜高温湿润气候，适应性强，耐寒、耐半阴，不耐干旱。在土层深厚、湿润的酸性土壤上生长良好。

观赏特性 树冠浓绿美观，花冠淡粉红色。

生态功能 枝叶繁茂，隔音效果好。

建设用途 可用于交通主干道和江河两侧山地绿化。

水黄皮

蝶形花科 Papilionaceae

■ 学名 *Pongamia pinnata*（L.）Pierre

形态特征 乔木，高 6 ~ 15m。奇数羽状复叶互生，小叶 2 ~ 3 对，对生，卵形、阔椭圆形至长椭圆形。总状花序腋生，长 15 ~ 20cm，通常 2 朵花簇生在花序轴的节上；花冠白色，各瓣均具柄。荚果椭圆形，扁平，长 4 ~ 5cm，顶端有短喙，不开裂，有种子 1 颗，种子肾形。花期 5 ~ 6 月，果 8 ~ 10 月。

产地分布 分布于我国广东、广西、海南、福建、台湾沿海，亚洲和澳大利亚热带。

适生区域 适生于广东沿海。

生长习性 常生长于海边潮汐能到达的岸边或池塘边，对土壤要求不严，沙土和壤土均能生长。

观赏特性 本种树冠呈广伞形，分枝低，花后荚果成串，适合作遮荫树。

生态功能 半红树树种，适合在沿海高潮线以上滩涂种植为防护林，也可应用作城市园林绿化。

建设用途 可用于高潮滩红树林造林。

枫香

金缕梅科 Hamamelidaceae

■ 学名 *Liquidambar formosana* Hance

■ 别名 枫树、三角枫、大叶枫

形态特征 落叶大乔木，高达40m，胸径1.5m。树皮粗糙，灰白或暗灰褐色，老时不规则深裂；树脂、树液及叶均有香味。小枝有柔毛，叶互生，纸质至薄革质，掌状3裂（幼态叶常为5～7裂），长6～12cm，基部心形或截形，裂片先端尖，掌状脉3～5条，边缘有锯齿；叶柄长达11cm。花单性同株；雄花排成稠密的总状花序，无花被；雌花为1单生的头状花序，无花瓣。果序圆球形，径2.5～4.5cm；蒴果2瓣裂，具宿存花柱及刺状萼齿；种子多数，能育种子具短翅，褐色，不孕种子色较淡，无翅。花期2～4月，果10月成熟。

产地分布 原产我国黄河流域以南广大地区和台湾，日本、朝鲜南部、越南北部、老挝亦有分布。

适生区域 广东各地生长良好。

生长习性 喜光，幼树稍耐阴，喜温暖至冷凉气候，耐寒，稍耐旱，对土壤要求不严，喜酸性、土层深厚、疏松的红壤和赤红壤，较耐干旱瘠薄，但以谷地和山麓缓坡上生长旺盛。生长迅速。抗风、耐火性好，对有毒气体抗性强。

观赏特性 树形高大，十分壮丽，秋季日夜温差变大后叶变红、紫、橙红等，南方秋景主要为枫香的红叶。

生态功能 深根性树种，防风固土、涵养水源效果好。

建设用途 可用于交通主干道和江河两侧山地绿化。

米老排

金缕梅科 Hamamelidaceae

■ 学名 *Mytilaria laosensis* Lec.

■ 别名 壳果菜、马蹄荷、山油桐、三角枫、米显灵

形态特征 常绿乔木，高可达30m。叶互生，革质，阔卵圆形，嫩叶先端3浅裂，老叶全缘，掌状脉；花两性，组成顶生或近顶生肉穗花序；萼管与子房合生，藏于肉质的花序轴内，萼片5～6，卵形，覆瓦状排列；花瓣5，舌状，稍肉质；雄蕊10～13，周位，花丝短而粗，花药内向，4室；子房下位，每室有胚珠6颗，生于中轴胎座上；蒴果卵圆形，上半部2瓣裂。每瓣复2浅裂；种子椭圆形，无翅。花期4～5月，果期10～11月。

产地分布 原产越南和我国广东、广西及云南。老挝也有分布。

适生区域 适应于广东各地生长。

生长习性 幼苗喜阴凉、怕干旱、忌水渍。喜肥沃和排水良好的山坡。耐修剪，抗风能力强，少病虫害，对不良气候抵抗能力强。

观赏特性 树形美观，枝叶繁茂，叶色黄绿，叶形奇异，十分美观。

生态功能 根系发达，防风固土、涵养水源效果好。

建设用途 可用于交通主干道和江河两侧山地绿化。

红苞木

金缕梅科 Hamamelidaceae

■ 学名 *Rhodoleia championii* Hook.f.

■ 别名 红花荷、红花木

形态特征 常绿乔木，树高可达30m，胸径80cm。叶革质，长圆形，长7～13cm，上面亮绿色,下面灰白色。头状花序形如单花。直径4～5cm,下垂,含小花5～6朵，总苞片褐绿色，花冠桃红色，有3～4枚花瓣，长2.5～3.5cm。每年12月下旬至翌春3月开花，花紫红色。果期9～10月。

产地分布 分布我国广东、广西。

适生区域 广东各地均可生长。

生长习性 中性偏喜光树种，幼树耐阴，成年后较喜光。要求年平均温度为 19 ~ 22℃，耐绝对低温 -4.5℃。适生于花岗岩、砂页岩产生的红黄壤与红壤（酸性至微酸性土）。在土层深厚肥沃的坡地，可长成大径材，在干旱瘠薄的山脊也能生长。

观赏特性 树干挺拔，花形像吊钟，体积大，深红，十分美观。

生态功能 涵养水源效果好。

建设用途 可用于交通主干道林带绿化和景观节点绿化。

黧蒴

壳斗科 Fagaceae

■ 学名 *Castanopsis fissa*（Champ.）Rehd. et Wils.

■ 别名 黧蒴栲、大叶锥栗、闽粤栲

形态特征 常绿乔木，树高达25m。树皮灰褐色，浅纵裂，幼时近平滑，老则粗糙。叶互生，革质，长椭圆形或倒披针状长椭圆形，先端钝尖，基部楔形，边缘有波状齿或钝锯齿，无毛。壳斗全苞坚果，卵形至椭圆形。花期4～6月，果11～12月成熟。

产地分布 原产江西、湖南、福建、广西、贵州、云南南部、四川南部、广东、海南、香港。

适生区域 广东各地生长良好。

生长习性 喜光，但幼龄耐阴，对立地要求不严，较耐旱瘠。为深根性树种，萌芽力强，可萌芽更新，也可于林冠下更新。速生，初期生长快，后期生长下降。

观赏特性 树干通直，树冠浓密，盛花季节能形成十分壮观的景观。

生态功能 根系发达，固土力强，树叶繁茂，落叶易腐，是改良土壤和营造水源涵养林的优良树种。

建设用途 可用于交通主干道和江河两侧山地绿化。

红　锥

壳斗科 Fagaceae

■ 学名　*Castanopsis hystrix* A.DC.

■ 别名　赤黎、刺栲、红栲、红木黎、红橡栲、红锥实

形态特征　常绿大乔木，高达30m，胸径1.5m。叶互生，薄革质，矩圆状披针形，长4 ~ 9cm，宽1.5 ~ 4cm，稀较小或更大，顶部短至长尖，基部甚短尖至近于圆，一侧略短且稍偏斜，全缘或有少数浅裂齿，中脉在叶面凹陷，侧脉每边9 ~ 15条，甚纤细，支脉通常不显。雄花序为圆锥花序或穗状花序；雌穗状花序单穗位于雄花序之上部叶腋间，花柱3或2枚，斜展，长1 ~ 1.5mm，通常被甚稀少的微柔毛，柱头位于花柱的顶端，增宽而平展，干后中央微凹陷。坚果卵形，1 ~ 3粒，先端短尖，胚乳黄色。花期4 ~ 5月，果期11 ~ 12月。

产地分布 广布于我国华南和西南地区。

适生区域 广东各地生长良好。

生长习性 喜湿润，不耐干旱，多生于平均年降雨量 1000 ～ 1200mm 之间的地区，而以 1300mm 以上的地区较为普遍。适生于花岗岩、砂页岩、变质岩等母岩发育成的红壤、黄壤、砖红壤性土，不适生于石灰岩地区。

观赏特性 树形高大雄伟，枝叶繁茂，老年大树的树干有明显的板状根，十分壮观。

生态功能 保持水土和涵养水源功能强。

建设用途 可用于交通主干道和江河两侧山地绿化。

木麻黄

木麻黄科 Casuarinaceae

■ 学名 *Casuarina equisetifolia* L.
■ 别名 短枝木麻黄、驳骨树、马尾树

形态特征 常绿乔木，高达30m，胸径70cm，树干通直。树冠狭长圆锥形，树皮较薄，皮孔密集排列为条状或块状，老树的树皮粗糙，深褐色，不规则纵裂，内皮深红色；小枝细长有节，绿色，节间具细纵棱脊。叶小，退化为齿状，4～16轮生，基部合生成鞘状。花单性，雌雄同株或异株，雄花排成柔荑花序，雌花生成头状花序，无花被。球果状果序椭圆形，两端近截平或钝，幼嫩时外被灰绿色或黄褐色茸毛，成长时毛常脱落；木质包片，被柔毛。坚果，有翅。花期5月，果熟期7～8月。

产地分布 原产大洋洲及其临近的太平洋地区，广泛栽培于美洲和亚洲热带。

适生区域 广东各地均能生长。

生长习性 喜光、喜高温湿润气候，耐旱、耐热、耐盐碱土、耐海潮。

观赏特性 树冠塔形，姿态优雅。

生态功能 根系发达，根部有根瘤菌共生，能固沙和改良瘠沙地，最适合热带和南亚热带海岸沙滩造林。

建设用途 沿海基干林带造林的主打树种。

朴　树

榆科 Ulmaceae

■ 学名　*Celtis sinensis* Pers.

■ 别名　沙朴、朴仔树、青朴

形态特征　落叶乔木。树冠扁球形，小枝幼时有毛，后渐脱落。叶革质，卵状椭圆形，先端短尖，基部不对称，三出脉。花杂性，1 ~ 3 朵生于叶腋，黄绿色。花期 4 月，果期 9 ~ 10 月。

产地分布　原产淮河流域、秦岭以南至华南各地。

适生区域　适应于广东各地生长。

生长习性　喜光，喜温暖湿润气候，喜深厚、湿润土壤，较耐干旱和贫瘠，抗风性强。多散生于低山丘陵地区的河边、溪边和村前村后。

观赏特性 树姿优雅、古朴典雅，叶色具有季相变化。

生态功能 涵养水源、保持水土功能较强。

建设用途 可用于交通主干道和江河两侧山地绿化。

木菠萝

桑科 Moraceae

■ 学名 *Artocarpus heterophyllus* Lam.

■ 别名 菠萝蜜、树菠萝、天菠萝

形态特征 常绿乔木，高 11 ~ 15m，有乳汁。叶互生，革质，螺旋状排列，椭圆形或倒卵形，长 7 ~ 25cm，全缘（幼树叶有时 3 裂），两面无毛，背面粗糙，厚革质。花单性，雌雄同株；雄花序顶生或腋生，圆柱形；雌花序椭球形，比雄花序大，含多数花，生于树干或大枝上，偶有从近地表的侧根上长出。聚花果成熟时黄色，外皮呈六角形瘤状突起；果内包含若干枚瘦果，每个瘦果被肉质化的花萼所包，生于肉质的花序轴上，果皮紧包种子。花期 2 ~ 3 月，果期 7 ~ 8 月。

产地分布 原产印度和马来西亚。

适生区域 较宜生长在广东南部地区。

生长习性 喜高温多湿气候，在年平均温度22 ~ 25 ℃、无霜冻、年降雨量1400 ~ 1700mm 地区适生。对土壤要求不严，在酸性至轻碱性黏壤土或砾质土上均可生长，在土层深厚肥沃、排水良好的地方生长旺盛，最忌积水地。

观赏特性 春季开花，果实夏秋季节成熟，成熟时香味四溢，分外诱人，果实大型，可重达 25kg，具有很强的观赏性。

生态功能 保持水土和涵养水源效果好。

建设用途 可用于交通主干道和江河两侧山地绿化。

构 树

桑科 Moraceae

■ 学名 *Broussonetia papyrifera*（L.）L' Hért. ex Vent.

■ 别名 楮树、榖浆树、鹿仔树、谷树、当当树、奶树、沙皮树

形态特征 常绿乔木，高达 16 ～ 20m，胸径 60cm。小枝有毛。单叶互生，膜质或纸质，广卵形至长椭圆状卵形，长 7 ～ 20cm，宽 6 ～ 10cm，顶端渐尖，基部略偏斜、心形，边缘有粗齿，不分裂或 3 ～ 5 深裂，腹面粗糙，背面密被柔毛。花雌雄异株，无花瓣，均生于新枝叶腋，雄花序长 6 ～ 8cm，萼片和雄蕊各 4 枚；雌花序头状，雌花花萼管状，三浅裂，柱头线形被毛。聚花果球形，鲜果橙红色，径 1.5 ～ 2.5cm。由多数小核果组成。肉质，成熟时红色。花期 4 ～ 5 月，果期 7 ～ 9 月。

产地分布 分布我国黄河以南各地。越南、印度、日本也有分布。

适生区域 全省各地生长良好。

生长习性 喜光，幼树耐阴，成年树耐干旱瘠薄，适应性广，在酸性土、钙质土上都能生长，但以深厚沃润土尤佳，速生，萌蘖力强，砍伐后萌条多，主根深，侧根发达，穿透力强。叶片虽较易受害脱落，但因新叶易萌发，在短期内可形成新树冠，植株受害后恢复快。抗二氧化硫、氟化氢和氯气等有毒气体。

观赏特性 枝叶繁茂，聚花果球形，熟时橙红色或鲜红色。

生态功能 适应性广，为荒山绿化优良的先锋树种。成熟的果实甜美可生食，是小鸟和昆虫的最爱，在生态公益林中可起招鸟之用。抗有毒气体能力非常强，可作大气污染严重的工矿区绿化树种。

建设用途 可用于交通主干道和江河两侧山地绿化。

高山榕

桑科 Moraceae

■ 学名 *Ficus altissima* Bl.

■ 别名 马榕、鸡榕、大青树、高榕

形态特征 常绿大乔木，高可达20m。树干粗，有气根。单叶互生，革质，卵形或卵状椭圆形，长10～21cm，先端钝尖；托叶厚革质，披针形。花序托成对腋生，卵球形。瘦果，果皮骨质，包藏于花序托内。隐花果近球形，深红色或淡黄色。每花序托内有瘦果数十至数百粒，每果有种子1粒。花期3～4月，果期5～7月。

产地分布 原产我国广东、广西及云南南部，马来西亚、印度及斯里兰卡亦产。

适生区域 广东各地均可生长。

生长习性 喜光，喜高温多湿气候及湿润沃土，但亦较耐贫瘠，适应性强，常散生于中海拔至高海拔的山区疏林或林缘。

观赏特性 树冠广阔，树姿壮观，果熟时如小西红柿般大，橙黄或红色，果可食用。

生态功能 根系发达，保持水土和涵养水源功能强。

建设用途 可用于交通主干道、江河两侧山地绿化和景观节点绿化。

垂叶榕

桑科 Moraceae

■ 学名 *Ficus benjamina* L.
■ 别名 垂榕、垂枝榕

形态特征 常绿大乔木，高达20m，胸径30 ~ 50cm。通常无气生根，树冠广阔，树皮灰色，平滑；小枝下垂，顶芽细尖，长达1.5cm。叶薄革质，卵形至卵状椭圆形，先端短渐尖，基部圆形或楔形，全缘，两面光滑无毛，侧脉平行且细而多。叶柄长1 ~ 2cm，上面有沟槽，托叶披针形。榕果球形或扁球形，光滑，成熟时红色至黄色；雄花、瘿花、雌花同生于同一榕果内。花期8 ~ 11月。

产地分布 原产我国广东、海南、广西、云南、贵州；东南亚、澳大利亚北部都有分布。

适生区域 广东各地均可生长。

生长习性 喜光，喜高温多湿气候，适应性强，耐阴、耐潮湿、耐贫瘠，但不耐干旱。

观赏特性 树形下垂，叶簇油绿，姿态柔美。

生态功能 净化空气效果十分显著。

建设用途 可用于交通主干道、江河两侧山地绿化和景观节点绿化。

榕 树

桑科 Moraceae

■ 学名 *Ficus microcarpa* L. f.
■ 别名 小叶榕、细叶榕

形态特征 常绿大乔木，高达30m。枝具下垂须状气生根。叶椭圆形至倒卵形，长4～10cm，先端钝尖，羽状脉。花序托单生或对生叶腋，扁球形，成熟时黄色或淡红色。瘦果，果皮骨质，藏于花序托内，每果种子1枚。花期5月，果期7～9月。

产地分布 原产我国华南地区，印度、越南、缅甸、马来西亚、菲律宾等亦有天然分布。

适生区域 广东各地均能生长良好。

生长习性 喜光，喜温暖湿润气候，适应性广，在石灰质土和酸性土均可生长。耐旱瘠、耐潮湿。是华南地区常见的行道树和庭荫树。在空气潮湿环境可以形成“独木成林”景观。熟果略带甜，成为鸟类栖息的天堂。耐修剪，抗风、抗污染能力强。

观赏特性 枝繁叶茂，树冠巨大，姿态优美，果成熟时绿色变成红色，十分可爱。

生态功能 根系发达，保持水土、涵养水源效果好。

建设用途 可用于交通主干道、江河两侧山地绿化和景观节点绿化。

笔管榕

桑科 Moraceae

■ 学名 *Ficus subpisocarpa* Gagnep.（*F. superba* var. *japonica* Miq.）

■ 别名 笔管树

形态特征 落叶乔木，高 10m。有时有气生根，树皮黑褐色，小枝淡红色，无毛。叶簇生或互生，近纸质，无毛，椭圆形至长圆形，先端短渐尖，基部圆形，边缘全缘或微波状；叶柄长 3 ~ 7cm，近无毛；托叶膜质，微被柔毛，披针形，早落。榕果扁球形，成熟时紫黑色；雄花、瘿花、雌花生于同一榕果内；花被片 3，花柱短。花期 4 ~ 6 月。

产地分布 原产我国台湾、福建、浙江、广东、海南、云南；缅甸、泰国、中南半岛各地、马来西亚至日本均有分布。

适生区域 广东各地均可生长。

生长习性 性喜高温高湿，极耐旱，土壤以排水良好、黏性不强的肥沃土壤为佳。

观赏特性 每年3、4月换叶，枝条头部的叶苞，宛如毛笔一般，十分别致。

生态功能 招鸟树种，维护生态系统的动态平衡，为其他物种创造适宜的栖息生境。

建设用途 可用于交通主干道、江河两侧山地绿化和景观节点绿化。

斜叶榕

桑科 Moraceae

- 学名 *Ficus tinctoria* G. Forst. subsp. gibbosa（Bl.）Corner
- 别名 癞哥承（潮州）、水榕

形态特征 常绿乔木，高可达 15m。幼时多附生，树皮微粗糙，小枝褐色。叶薄革质，排为两列，椭圆形至卵状椭圆形，长 8 ～ 13cm，宽 4 ～ 6cm，顶端钝或急尖，基部宽楔形，全缘，一侧稍宽，两面无毛，背面略粗糙，网脉明显，干后网眼深褐色，基生侧脉短，不延长，侧脉 5 ～ 8 对，两面凸起，叶柄粗壮，长 8 ～ 10mm；托叶钻状披针形，厚，长 5 ～ 10mm。榕果球形或球状梨形，单生或成对腋生，直径约 10mm，略粗糙，疏生小瘤体，顶端脐状，基部收缩成柄，柄长 5 ～ 10mm，基生苞片 3，卵圆形，干后反卷；总梗极短；雄花生榕果内壁近口部，花被片 4 ～ 6，白色，线形，雄蕊 1 枚，基部有退化的子房；瘿花与雄花花被相似，子房斜卵形，花柱侧生；雌花生另一植株榕果内，花被片 4，线形，质薄，透明。瘦果椭圆形，具龙骨，表面有瘤体，花柱侧生，延长，柱头膨大。花果期冬季至翌年 6 月。

产地分布 原产我国广东、海南、台湾；菲律宾、印度尼西亚、巴布亚新几内亚、澳大利亚、密克罗尼西亚、波利尼西亚至塔希提等地也有分布。

适生区域 全省各地均可生长。

生长习性 喜温暖湿润气候，适应性广，耐旱瘠、耐潮湿，在石缝、湿墙壁上均可生长。

观赏特性 枝繁叶茂，树姿优美，观赏性颇佳。

生态功能 适应性强，可用于立地条件极差地方造林，也是污染严重工矿区的绿化树种。

建设用途 可用于交通主干道、江河两侧山地绿化和沿海第一重山范围山地绿化。

大叶榕

桑科 Moraceae

■ 学名 *Ficus virens* Ait. [*F. virens* Ait. var. *sublanceolata*（Miq.）Corner]

■ 别名 黄葛榕、雀榕

形态特征 落叶乔木或半落叶乔木，高 20m。有板根及支柱根。叶薄革质或纸质，近披针形，先端渐尖。花序托单生或对生叶腋及已落叶的小枝上，成熟时黄色或红色。瘦果有皱纹。花果期 4 ~ 8 月。

产地分布 原产于我国东南至西南部，亚洲南部及大洋洲亦有分布。

适生区域 适应于广东各地生长。

生长习性 喜光，喜温暖至高温湿热气候。稍耐瘠薄但不耐干旱，多生于山谷林及疏林中。根系发达，板根可延伸至数 10m 以上。耐修剪，抗风耐潮，对空气污染抗力强。

观赏特性 树冠宽广，枝叶茂盛，春天，大量叶芽萌发在枝梢，随后浅绿色的叶绽开，十分醒目。果如小西红柿般大，由青绿变黄，成熟后变为红色的浆果，可食。

生态功能 根系发达，保持水土和涵养水源效果好，落叶丰富，可改善土壤有机质含量，增加土壤肥力。

建设用途 可用于交通主干道、江河两侧山地绿化和景观节点绿化。

铁冬青

冬青科 Aquifoliaceae

■ 学名 *Ilex rotunda* Thunb.
■ 别名 白银香、白银木

形态特征 常绿乔木，高达 15m，胸径 90cm。树皮灰色至灰褐色，小枝具纵棱，幼枝及叶柄常为紫黑色。叶互生，薄革质，椭圆形、卵形或倒卵形，长 4 ～ 9cm，宽 2 ～ 4cm，先端短尖，基部楔形，全缘，上面有光泽，侧脉纤细；叶柄长 1 ～ 2cm。聚伞花序腋生，花黄白色；花单性，雌雄异株，雄花的萼裂片、花瓣、雄蕊为 4 数，雌花为 5 ～ 7 数；花瓣基部合生。浆果状核果球形，长 6 ～ 8mm，熟时红色。花期 5 ～ 6 月，果期 9 ～ 11 月。

产地分布 原产我国长江流域以南各地，朝鲜、日本亦有分布。

适生区域 全省各地均能生长。

生长习性 喜光，耐半阴，喜温暖湿润气候，耐寒；喜生于肥沃的疏林中或溪边，适应性强，耐干旱和瘠薄。抗火、抗风、抗大气污染能力较强。

观赏特性 枝叶茂密，树姿优雅，花后果由黄转红，秋后红果累累，璀璨夺目，十分具有观赏性。

生态功能 水源涵养效果好。

建设用途 可用于交通主干道林带绿化和山地绿化、江河两侧山地绿化以及景观节点绿化。

楝叶吴茱萸

芸香科 Rutaceae

■ 学名 *Tetradium glabrifolium*（Champ. ex Benth.）T. G. Hartley

■ 别名 山苦楝、假苦楝、乌全皮

形态特征 落叶乔木，高达 20m，胸径 60cm。树皮暗灰色或灰黑色，皮孔扁圆形，呈水平方向开裂凸出。叶为羽状复叶，对生，枝上部的叶连叶柄长 15 ~ 35cm，叶柄长 4 ~ 8cm。小叶通常 5 ~ 9 片，对生，卵状椭圆形，披针形或卵形，长 4.5 ~ 14cm，宽 2 ~ 4.5cm，先端长渐尖，基部楔尖，两侧不等齐而歪斜。聚伞圆锥花序，顶生，果熟时紫红色，干后淡灰红色，表面常呈网状皱起，每分果片有 1 粒种子，卵球形，长约 3.5mm，宽约 2.5 ~ 3.0mm，黑色，有光泽。夏季为开花期，冬季为果期。

产地分布 原产我国海南、广东东部、中部及北部，广西、云南、贵州、福建和台湾亦有分布。越南、菲律宾等地均产。

适生区域 较宜生长在广东中部偏南地区。

生长习性 速生树种。喜光，幼苗期稍耐荫蔽。喜土层深厚、疏松排水良好、湿度适中的沙壤或红壤性的立地，而在瘠薄的立地则生长不良。

观赏特性 树冠广卵形，树姿开展，蒴果紫红色，表面有网状皱纹。

生态功能 涵养水源功能强，落叶量大，为地表植物提供良好的覆盖物，起到保湿保温、改善土壤有机质结构、增加土壤肥力的作用。

建设用途 可用于交通主干道和江河两侧山地绿化。

麻　楝

楝科 Meliaceae

■ 学名　*Chukrasia tabularia* A. Juss.

■ 别名　铁罗槁

形态特征　常绿乔木，高 30m，胸径 60cm 以上。枝赤褐色，无毛，具苍白色皮孔。复叶长 30 ~ 50cm，无毛；小叶 10 ~ 16，对生，纸质，卵形至长椭圆状披针形，长 7 ~ 10cm，宽 3.5 ~ 4.5cm，下对叶较小，两面无毛。花黄色带紫。果灰黄色或褐色，先端具小凸尖，表面粗糙，有淡褐色的小瘤点；种子连翅长 1.2 ~ 2cm。花期 4 ~ 5 月，果期 8 ~ 9 月。

产地分布　原产我国西南、华南。南亚、东南亚及中南半岛也有分布。

适生区域 广东各地均可生长。

生长习性 生长快，广州人工栽培 8 年生林木，高 9m，胸径 14cm。对立地要求不严，较耐旱瘠。

观赏特性 树形高大，枝繁叶茂，羽状复叶，分外别致，花黄色或略带紫色，有香味。

生态功能 涵养水源功能强，降尘、隔音效果好。

建设用途 可用于交通主干道林带绿化和山地绿化、江河两侧山地绿化以及景观节点绿化。

非洲桃花心木

楝科 Meliaceae

■ 学名 *Khaya senegalensis*（Desr.）A. Juss.

■ 别名 非洲楝、塞楝

形态特征 常绿大乔木。树皮灰色，呈鳞片状剥落。偶数羽状复叶，小叶 5 ~ 6 对，互生，长椭圆形，网脉明显。复聚伞花序，花瓣黄色，花盘红色。蒴果球形木质，灰绿色，成熟时褐色，径 5cm。种子周围有薄翅。花期 4 ~ 5 月，翌年 5 ~ 7 月果熟。

产地分布 原产热带非洲和马达加斯加。

适生区域 较宜生长在广东南部地区。

生长习性 喜光，耐高温、干旱。在土层深厚、排水良好的酸性砂壤土生长良好。主根深，根系发达。

观赏特性 树形高大雄伟，枝叶繁茂，为热带速生珍贵用材树种，木材属世界著名的非洲桃花心木类。

生态功能 涵养水源功能强。

建设用途 可用于交通主干道林带绿化和景观节点绿化。

苦楝

楝科 Meliaceae

■ 学名 *Melia azedarach* L.

■ 别名 楝树、紫花树

形态特征 落叶乔木，高达 20m。树冠宽阔而平顶。枝条广展，小叶有叶痕。小叶卵形或托叶状卵形，长 3 ～ 7cm，先端渐尖，基部楔形或圆形，边缘有钝锯齿或浅裂。圆锥花序与叶等长，花淡紫色，芳香。核果卵圆形，长 1.5 ～ 2cm，黄绿色。花期 4 ～ 5 月，果期 10 ～ 11 月。

产地分布 分布较广，山西南部、河南、河北南部、山东南部、陕西、甘肃南部、长江流域各地，福建、广东、广西、海南及台湾均有栽培和野生。

适生区域 广东各地均能生长良好。

生长习性 喜光，不耐荫庇，幼苗稍耐荫庇。喜温暖气候。不耐寒，耐贫瘠，适应性强。对土壤要求不严，在酸性土、中性土、钙质土、石灰岩山地及含盐量在0.35%以下的盐碱地均能生长，在土层深厚、排水良好、湿润疏松的砂壤土或壤土生长最好。怕积水，栽植在地下水位高的地区或干旱浅薄土壤上生长不良。

观赏特性 树姿美观，花淡紫色，核果球形，分外别致。

生态功能 主根明显，侧根发达，防风固土能力强。

建设用途 可用于交通主干道林带绿化和山地绿化、江河两侧山地绿化以及景观节点绿化。

复羽叶栾树

无患子科 Sapindaceae

- 学名 *Koelreuteria elegans*（Seem.）A.C.Smith ssp. *formosana*（Hay.）Meyer
- 别名 国庆花

形态特征 落叶乔木，高可达 20m 以上。二回羽状复叶，长 45 ~ 70cm，小叶 9 ~ 17 片，互生，斜卵形，长 3.5 ~ 7cm，宽 2 ~ 3.5cm，先端短尖至短渐尖，基部阔楔形或圆形，略偏斜，边缘有内弯的小锯齿，两面无毛或上面中脉上被微柔毛，下面密被短柔毛，有时杂以皱曲的毛；纸质或近革质。圆锥花序大型，长 35 ~ 70cm，分枝广展，与花梗同被短柔毛；萼 5 裂，裂片阔卵状三角形或长圆形，被硬缘毛及流苏状腺体；花瓣 4，长圆状披针形，长 6 ~ 9mm，宽 1.5 ~ 3mm，先端钝或短尖，被长柔毛，鳞片深 2 裂；雄蕊 8，长 4 ~ 7mm，花丝被白色、开展的长柔毛，花药有短疏毛。蒴果椭圆形或近球形，具 3 棱，淡紫红色，老熟时褐色，长 4 ~ 7cm，宽 3.5 ~ 5cm；果瓣外面具网状脉纹。种子近球形，直径 5 ~ 6mm。花期 7 ~ 9 月，果期 8 ~ 10 月。

产地分布 原产江西、湖北、湖南、浙江、福建、广东、广西、贵州等地。

适生区域 广东各地均能生长。

生长习性 喜光，喜温暖至高温湿润气候，耐干旱瘠薄，耐寒。对土质选择不严，适生于石灰岩山地。为深根性树种，萌蘖力强，幼树生长较慢，以后渐快。

观赏特性 树姿优美，国庆前夕，黄花满树耀眼夺目，国庆后，鲜红的果实宛若灯笼，是著名的观赏树种。

生态功能 涵养水源效果好。落叶量大，能增加土壤肥力。

建设用途 可用于交通主干道林带绿化和山地绿化、江河两侧山地绿化以及景观节点绿化。

鸡爪槭

槭树科 Aceraceae

■ 学名 *Acer palmatum* Thunb.

形态特征 落叶小乔木，高 5m。树皮深灰色。小枝细瘦；当年生枝紫色或淡紫绿色；多年生枝淡灰紫色或深紫色。叶纸质，外貌圆形，基部心脏形或近于心脏形稀截形，5 ~ 9 掌状分裂，通常 7 裂，裂片长圆卵形或披针形，先端锐尖或长锐尖，边缘具紧贴的尖锐锯齿；裂片间的凹缺钝尖或锐尖，深达叶片直径的 1/2 或 1/3；上面深绿色，无毛；下面淡绿色，在叶脉的脉腋被有白色丛毛；主脉在上面微显著，在下面凸起；叶柄长 4 ~ 6cm，细瘦，无毛。花紫色，杂性，雄花与两性花同株，生于无毛的伞房花序，总花梗长 2 ~ 3cm，叶发出以后才开花；萼片 5，卵状披针形，先端锐尖，长 3mm；花瓣 5，椭圆形或倒卵形，先端钝圆，长约 2mm；雄蕊 8，无毛，较花瓣略短而藏于其内；子房无毛，花柱长，2 裂，柱头扁平，花梗长约 1cm，细瘦，无毛。翅果嫩时紫红色，成熟时淡棕黄色；小坚果球形。花期 5 月，果期 9 月。

产地分布 原产我国山东、河南南部、江苏、浙江、安徽、江西、湖北、湖南、贵州等地。朝鲜和日本也有分布。

适生区域 广东各地均能生长。

生长习性 喜弱光，耐半阴。喜温暖湿润气候及肥沃、湿润而排水良好的土壤，耐寒性不强，酸性、中性及石灰质土均能适应。

观赏特性 树姿婆娑，叶形美丽，入秋后叶色变红，色艳如花，为珍贵的观叶树种。

生态功能 固土能力较强。

建设用途 可用于交通主干道林带绿化和景观节点绿化。

人面子

漆树科 Anacardiaceae

■ 学名 *Dracontomelon duperreanum* Pierre

■ 别名 人面果、仁面果、人面树、银莲果

形态特征 常绿乔木，树高达 25m。有板根，叶片层次清晰。小枝有三角形叶痕。叶互生，奇数羽状复叶长 30 ~ 45cm，有小叶 5 ~ 7 对，叶轴和叶柄具条纹，被毛；小叶全缘，近革质长圆形，自下而上逐渐增大，先端渐尖，基部常偏斜，阔楔形至近圆形，两面沿中脉疏被柔毛，叶被脉腋具白色髯毛，侧脉和细脉两面突起；小叶柄短。圆锥花序顶生或腋生，花序比叶短，长 10 ~ 23cm，花白色，花小，两性。果实压扁，上部具 5 个卵形凹点，边缘具小孔，形如人面，通常 5 室。

产地分布 原产我国云南东南、广西、广东，越南也有分布。

适生区域 广东各地均可生长。

生长习性 喜光、喜温热湿润气候，适应性强，不甚耐旱，不耐霜冻，对水肥条件要求高，在土层深厚、湿润、肥沃的微酸性和酸性土壤上生长发育良好。

观赏特性 树形高大，树干有板状根隆起，冠幅大，枝叶茂密，叶片层次分明，遮荫效果好。果可食，果核表面有5个大小不同的眼，看起来好像人的脸，所以叫人面子。

生态功能 枝叶十分茂盛，遮阴、隔音效果好。

建设用途 可用于交通主干道林带绿化和山地绿化、江河两侧山地绿化以及景观节点绿化。

杧 果

漆树科 Anacardiaceae

■ 学名 *Mangifera indica* L.

■ 别名 檬果、芒果

形态特征 常绿乔木，有板根。单叶互生，革质，长圆状或卵状披针形，幼叶紫红色。圆锥花序顶生，被柔毛，花瓣淡黄色或白色，芳香。肉质核果扁球形，长 8 ~ 15cm，绿色至黄色。花期春季，果期 5 ~ 8 月。

产地分布 原产印度、中南半岛各地和印度尼西亚。

适生区域 适应于广东各地生长。

生长习性 喜光，喜温暖多湿气候，不耐霜冻，耐旱、耐湿能力较强。对土壤要求不高，从不积水的低洼地到高坡地，从酸性的砖红壤到盐碱较高的海滩地，均可栽培。但以肥力中等、pH 值 6 ～ 7、土层深厚、排水良好的砂质土或砾质壤土为最好。抗风、抗烟尘、抗大气污染。

观赏特性 树冠广阔，树姿美观，嫩叶富色彩变化。开花时色彩淡雅，芳香扑鼻；结果时佳果累累，令人垂涎。为观花观果佳品，作为庭荫树或行道树也备受赞誉。

生态功能 涵养水源效果好。

建设用途 可用于交通主干道林带绿化和山地绿化、江河两侧山地绿化以及景观节点绿化。

喜　树

蓝果树科 Nyssaceae

■ 学名　*Camptotheca acuminata* Decne.

■ 别名　旱莲木、千丈树

形态特征　落叶乔木，树高达 25m，胸径 50cm。树干挺直，生长迅速。树皮灰色或浅灰色，纵裂成浅沟状。小枝圆柱形，平展。叶互生，纸质，矩圆状椭圆形，顶端短锐尖，全缘。头状花序近球形，顶生或腋生，翅果矩圆形，顶端具宿存的花盘，两侧具窄翅，幼时绿色，干燥后黄褐色，着生成近球形的头状果序。花期 5 ~ 7 月，果期 9 ~ 11 月。

产地分布 原产江苏南部、浙江、福建、江西、湖北、四川、贵州、广东、广西、云南等地。

适生区域 广东各地均可生长。

生长习性 喜光、喜温暖湿润气候，速生，不耐严寒干燥。在酸性、中性、弱碱性土均能正常生长，石灰岩风化及冲击土生长良好。幼苗、幼树稍耐阴。

观赏特性 主干通直，树冠宽展，果形别致。

生态功能 深根性树种，固土能力强。

建设用途 可用于交通主干道林带绿化和山地绿化、江河两侧山地绿化以及景观节点绿化。

幌伞枫

五加科 Araliaceae

■ 学名 *Heteropanax fragrans*（Roxb.）Seem.

■ 别名 罗伞树

形态特征 常绿乔木，高 30m。树皮灰棕色。小枝粗。大型羽状复叶，长达 1m，小叶椭圆形，长 5.5 ~ 13cm，全缘，无毛，侧脉 6 ~ 10 对。花序长 30 ~ 40cm，密被锈色星状茸毛，后脱落。果扁，长约 7mm，径 3 ~ 5mm。花期 10 ~ 12 月，果期翌年 2 ~ 3 月。

产地分布 原产我国云南、广东和广西的南部、海南。印度、缅甸、印度尼西亚也有分布。

适生区域 全省均能生长。

生长习性 喜光，喜温暖湿润气候，亦耐阴，不耐寒，能耐 5 ~ 6℃低温及轻霜，不耐 0℃以下低温。较耐干旱、贫瘠，但在肥沃和湿润的土壤上生长更佳。

观赏特性 树冠圆整，行如罗伞，羽叶巨大，奇特，为优美的观赏树种。

生态功能 水源涵养效果较好。

建设用途 可用于交通主干道林带绿化和山地绿化、江河两侧山地绿化以及景观节点绿化。

鸭脚木

五加科 Araliaceae

■ 学名 *Schefflera heptaphylla*（L.）Frodin [*S. octophylla*（Lour.）Harms]

■ 别名 鹅掌柴

形态特征 常绿乔木，高达15m，胸径50cm。小枝粗壮，幼时密被星状短柔毛，后渐变疏。叶互生，掌状复叶，叶柄长15～30cm，托叶与叶柄基部合生，呈抱茎状；小叶6～9枚，纸质至厚纸质，椭圆形至长椭圆形，长9～17cm，宽3～6cm，先端急尖或短渐尖，基部楔形或宽楔形，全缘，幼时上面密生星状短柔毛，后渐脱落；小叶柄长1.5～5cm。伞形花序排列为大型圆锥花序，顶生，长达30cm，密被星状短柔毛，后渐脱落；花白色，芳香。浆果球形，径约5mm，熟时紫褐色；花柱粗短，宿存。花期11～12月，果期12月至翌年3月。

产地分布 原产我国东南部、南部至西南部以及中南半岛各国。

适生区域 广东各地均可生长。

生长习性 幼树耐阴，后期喜光，喜温暖湿润气候，要求年均温 18℃以上，能耐绝对低温 -8℃。凡酸性红壤、红黄壤、黄壤都可生长，在山腰以下土层较深厚、疏松、湿润的壤土上生长良好，在山沟两侧土壤深厚的地方生长更好。

观赏特性 叶形奇特，宛若鸭掌，树形优美。

生态功能 涵养水源效果好，也是招鸟引蝶树种。

建设用途 可用于交通主干道林带绿化和山地绿化、江河两侧山地绿化以及景观节点绿化。

人心果

山榄科 Sapotaceae

■ 学名 *Manikara zapota*（L.）Van Royen

形态特征 常绿乔木。树高 6 ～ 10m。枝褐色，有明显叶痕。叶革质，椭圆形至倒卵形，叶背叶脉明显，侧脉多而平行。花细小单生叶腋，花冠白色。浆果卵形或球形，成熟后锈褐色。种子扁圆形，黑色。花期夏季，果期 9 月。

产地分布 原产于墨西哥尤卡坦州和中美洲地区。

适生区域 广东各地均可生长。

生长习性 喜光，喜暖热湿热气候。土壤以排水良好、土层深厚、通气性好的砂壤土和冲积土为好。根系深，很耐旱，较耐贫瘠和盐分。

观赏特性 周年常绿，花果并存，树姿优美，果如人的心脏，十分奇特，是良好的观赏树木。

生态功能 涵养水源和保持水土效果较好。

建设用途 可用于交通主干道林带绿化和山地绿化、江河两侧山地绿化以及景观节点绿化。

桐花树

紫金牛科 Myrsinaceae

■ 学名 *Aegiceras corniculatum*（L.）Blanco

■ 别名 蜡烛果

形态特征 常绿灌木至小乔木，一般高 1.5 ~ 4m。单叶互生，于枝条顶端处近对生，叶片革质，倒卵形，顶端圆形或微凹。伞形花序顶生，有花 10 余朵；花白色。果圆柱形，弯曲如新月，长约 6cm，宿存花萼紧包果基部。果成熟期 10 ~ 12 月。

产地分布 分布于我国广东、广西、海南、福建沿海，太平洋群岛及澳大利亚。

适生区域 适生于广东沿海。

生长习性 常生长于有河流注入的海湾、河口的淤泥滩涂上，生长速度较慢，耐寒能力强。隐胎生，胚轴发育过程中始终未突破果皮。

观赏特性 果形奇特，形如新月，又像一根根小蜡烛，故又名蜡烛果，有一定的观赏价值。

生态功能 分布广泛的真红树树种，常组成单优群落，也常和秋茄、白骨壤混生，具有良好的防浪护堤、水质净化、促淤造陆功能。

建设用途 用于红树林造林。

糖胶树

夹竹桃科 Apocynaceae

■ 学名 *Alstonia scholaris*（L.）R.Br.

■ 别名 黑板树

形态特征 常绿乔木，高可达35m。分枝轮生，植物体有乳汁。叶3～8枚轮生，革质，倒披针形，顶端钝或圆，基部楔形，两面无毛，开展呈水平状，层层有序。花多数，细小，排列成顶生的稠密的伞房花序或圆锥花序，花冠高脚碟状，长约1cm，秋季开花，黄白色。蓇葖果，细条形。

产地分布 原产亚洲热带地区和澳大利亚昆士兰。

适生区域 广东各地均可生长。

生长习性 喜光，喜高温多湿气候，生存力强，对土壤选择要求不高，但需排水良好。但在通风不良处虫害较多。在低洼地、盐碱地、贫瘠山坡地、石砾地生长不良。

观赏特性 树形美观，枝叶常绿，生长有层次如塔状，果实细长如面条，十分奇特。

生态功能 保持水土能力较强，适合道路绿化。

建设用途 可用于交通主干道林带绿化和山地绿化、江河两侧山地绿化以及景观节点绿化。

海芒果

夹竹桃科 Apocynaceae

■ 学名 *Cerbera manghas* L.

■ 别名 海檬果

形态特征 常绿小乔木，高 3 ～ 8m；具丰富的白色乳汁。叶聚生枝顶，倒卵状长圆形。聚伞花序顶生。花白色，直径约 5cm，花冠高脚叠状，喉部红色。核果，球形或阔卵形，成熟时橙色。花期 3 ～ 10 月，果期 7 月至翌年 4 月。

产地分布 原产我国广东、广西、台湾、海南，澳大利亚和亚洲其他热带地区。

适生区域 适生于广东沿海。

生长习性 野生于沿海高潮线以上地区。果实具疏松而质轻的纤维质中果皮，并借此随水传播。

观赏特性 株形紧凑，叶光洁翠绿，花洁白芳香，果形如芒果，是良好的观赏树种。

生态功能 本种是半红树树种，在沿海高潮线上以上滩涂种植，也能应用于城市园林绿化。但果实有剧毒。

建设用途 可用于高潮滩红树林造林。

红花鸡蛋花

夹竹桃科 Apocynaceae

■ 学名 *Plumeria rubra* L.

■ 别名 缅栀子、大季花

形态特征 落叶灌木或小乔木，树高约 5 ～ 8m，胸径 15 ～ 20cm，树冠狭小，分枝密，枝条粗壮，肉质茎，乳汁丰富，茎绿色，无毛。叶互生，厚纸质，长椭圆形或阔披针形，叶面深绿色，叶背浅绿色，每数十片密集于枝梢，翠绿光滑。顶生聚伞花序，长 6 ～ 25cm，宽 15cm 左右，数十朵一簇，着生于嫩梢的叶腋，花梗淡红色，花冠漏斗状，直径 4 ～ 5cm，花冠筒外面略带淡红色斑纹，花由 5 片红色花瓣组成，呈螺旋状散开。花期一般 5 ～ 10 月，在热带地区全年都可开花；果期 7 ～ 12 月，一般栽培的植株很少结果，果实为蓇葖果对生。种子斜长圆形薄片状，顶端具膜质的翅，呈黄褐色。

产地分布 原产巴拿马、墨西哥、委内瑞拉等地。

适生区域 宜生长在广东南部地区。

生长习性 喜光树种，喜光照充足和高温湿润气候，生性强健，稍耐荫蔽，耐旱耐碱，忌涝，在肥沃的砂质土壤中生长较好。不耐寒，生长适温为 23 ~ 30℃，越冬温度要求 5℃以上。

观赏特性 树形美观，茎多分枝，奇形怪状，千姿百态；花鲜红，极其芳香，落叶后，光秃的树干弯曲自然，其状甚美。

生态功能 净化大气功能较好。

建设用途 可用于交通主干道林带绿化和景观节点绿化。

猫尾木

紫葳科 Bignoniaceae

■ 学名 *Markhamia stipulata*（Wall.）Seem. [*Dolichandrone canda-felina* (Hance) Benth. et Hook. f.]

形态特征 常绿乔木，树高达 10 余 m。叶对生，单数羽状复叶；小叶 7 ～ 11 枚，近无柄，矩圆形或卵形，长 5 ～ 20cm，顶端短尾状，基部圆形或宽楔形，全缘，幼叶有毛，后期毛脱落；无托叶，但叶柄基部常生有退化单叶，极似托叶。花大，直径达 2cm，萼一面开裂成佛焰苞状，长约 5cm，花冠漏斗状，筒下部暗紫色，上部黄色，有红紫色条纹，数朵组成总状花序，顶生或腋生，花期秋季。蒴果长圆柱形，稍扁而下垂，长 30 ～ 60cm，宽 2 ～ 3cm，密被黄褐色毡毛，形似猫尾。种子矩圆形，淡黄色，极扁平，两端有膜质翅，连翅长 4.5 ～ 5.5cm，宽 1cm。果实成熟期 4 ～ 5 月。

产地分布 原产海南，广西、广东、云南均有分布。泰国、老挝，越南北部至中部也有分布。

适生区域 广东各地均可生长。

生长习性 性喜光，稍耐荫蔽；喜高温高湿，越冬温度10℃，幼苗耐寒力较差，通常气温低于0℃时会引起冻害；喜土层深厚、肥沃湿润、疏松排水良好的砂质土壤，不耐干旱贫瘠地。对氯气、二氧化碳气体的抗性较强，吸滞灰尘、粉尘能力较高。

观赏特性 蒴果像猫尾巴，故名猫尾木。花大美丽，具较好观果价值，是优良的野生观赏植物。

生态功能 涵养水源和保持水土功能较强。

建设用途 可用于交通主干道林带绿化和山地绿化、江河两侧山地绿化以及景观节点绿化。

蓝花楹

紫葳科 Bignoniaceae

■ 学名 *Jacaranda mimosifolia* D. Don
■ 别名 巴西紫葳、非洲紫葳、紫云木、金凤花

形态特征 落叶乔木，高可达15m以上。叶互生，二回羽状复叶，小叶细小，羽状，着生紧密，颇为秀丽。顶生或腋生的圆锥花序，花极繁多，深蓝色或青紫色，布满枝头，极为壮观。每序花长可达20cm，有花数十朵，花钟形。蒴果木质，扁圆形，种子有翅。花期5～6月，果期9～12月。

产地分布 原产南美洲巴西、玻利维亚和阿根廷。

适生区域 广东大部分地区均可生长。

生长习性 喜温暖湿润、阳光充足的环境，不耐霜雪。适宜生长温度 22 ~ 30℃，若冬季气温低于 15℃，生长则停滞，若低于 3 ~ 5℃有冷害，夏季气温高出 32℃，生长亦受抑制。喜光，能耐半阴。喜肥沃湿润的砂壤土或壤土。

观赏特性 美丽的观叶、观花树种。盛花期满树紫蓝色花朵，十分雅丽清秀。

生态功能 落叶丰富，可改善土壤结构和增加土壤有机质。

建设用途 可用于交通主干道林带绿化和景观节点绿化。

火焰木

紫葳科 Bignoniaceae

■ 学名 *Spathodea campanulata* Beauv.

■ 别名 火焰树、喷泉树

形态特征 常绿乔木，高达20m。奇数羽状复叶，对生，连叶柄长达45cm；小叶纸质，3 ~ 5对，椭圆形或倒卵形，长5 ~ 10cm，宽3 ~ 5cm，叶面绿色，背面淡绿色，全叶披茸毛，叶脉明显。花大，聚成紧密的伞房式总状花序；花萼佛焰苞状，长5 ~ 10cm；花冠钟状，一侧膨大，长3 ~ 5cm，直径5 ~ 6cm，橙红色，中心黄色，有纵皱。蒴果长圆状棱形，果瓣赤褐色，近木质。种子有膜质翅。花期2次（3 ~ 5月和10月至翌年2月），果期亦2次（8 ~ 9月和翌年6 ~ 7月）。

产地分布 原产热带非洲和热带美洲。

适生区域 广东各地均可生长。

生长习性 喜光，喜高温湿润气候，日照越充足，开花越多，花期越长，不耐寒。

观赏特性 树姿优雅、树冠广阔，四季常青，绿荫效果甚佳；花着生于枝顶，宛若一团团熊熊燃烧的火焰，十分壮观。

生态功能 涵养水源效果较好。

建设用途 可用于交通主干道林带绿化和景观节点绿化。

黄花风铃木

紫葳科 Bignoniaceae

■ 学名 *Handroanthus chrysanthus*（Jacq.）S.Q. Grose [*Tabebuia chrysantha*（Jacq.）G.Nicholson]

■ 别名 黄钟木、毛黄钟花

形态特征 落叶灌木或小乔木，高 3 ～ 12m。树皮灰色，鳞片状开裂，小枝有毛，掌状复叶，小叶 4 ～ 5 枚，倒卵形，纸质有疏锯齿，全叶被褐色细茸毛。干直立，树冠圆伞形。叶色黄绿至深绿，冬天落叶。翌年 3、4 月次第开花，花冠漏斗形、五裂，似风铃状，花色金黄。开花时只见花而不见叶，花期 3 ～ 4 月，果期 4 ～ 5 月。

产地分布 原产南美洲。我国华南地区可栽培，北部冬季低温，要注意寒害。

适生区域 较宜生长在广东中部以南地区。

生长习性 生长速度较慢，喜高温，生育适温 23 ~ 30℃。土质以富含有机质之土壤或砂质土壤最佳。

观赏特性 清明节前后满树黄花，似风铃状，美丽动人。秋天枝叶繁盛，一片绿油油的景象。冬天枯枝落叶，呈现出凄凉之美。

生态功能 冬季落叶丰富，可增加土壤有机质。

建设用途 可用于交通主干道林带绿化和景观节点绿化。

白骨壤

马鞭草科 Verbenaceae

■ 学名 *Avicennia marina*（Forsk.）Vierh.

■ 别名 海榄雌

形态特征 灌木至小乔木，高 1 ~ 6m，具发达的膝状呼吸根。小枝方柱形。叶革质，卵形，顶端钝圆，上面无毛，下面有灰色短茸毛。聚伞花序紧密成头状。花黄色，整齐 4 裂。蒴果近扁球形，直径 1 ~ 2cm，被茸毛。花果期 7 ~ 11 月。

产地分布 分布广泛，我国广东、广西、福建、台湾、海南，非洲东部、东南亚及澳大利亚。

适生区域 适生于广东沿海。

生长习性 多分布于滩涂最外缘，耐淹能力强，是演替的先锋树种。对土壤适应能力强，在淤泥、半泥沙汁和沙质海滩均能生长。隐胎生。

观赏特性 果实隐胎生，叶有泌盐现象，呼吸根发达，这些特征表现出与特殊生境的高度适应，是科普教育的活教材。

生态功能 分布最广泛的真红树树种，常形成单优势种群落，也可以和秋茄、桐花树混生，且多分布红树林外缘，承受最强的海浪冲刷，享有“海岸卫士的排头兵”称号。其果实富含淀粉，经处理后可食用，俗称“榄钱”，是纯天然的海洋绿色食品，也可药用。

建设用途 用于红树林造林。

含 笑

木兰科 Magnoliaceae

■ 学名 *Michelia figo*（Lour.）Spreng.

■ 别名 含笑花

形态特征 常绿灌木或小乔木，高 2 ～ 3m。树皮灰褐色，分枝繁密；芽、嫩枝、叶柄、花梗均密被黄褐色茸毛。叶革质，狭椭圆形或倒卵状椭圆形，长 4 ～ 10cm，宽 1.8 ～ 4.5cm，先端钝短尖，基部楔形或阔楔形，上面有光泽，无毛，下面中脉上留有褐色平伏毛；托叶痕长达叶柄顶端。花直立，淡黄色而边缘有时红色或紫色，具甜浓的淡香，花被片 6，肉质，较肥厚，长椭圆形；聚合果长 2 ～ 3.5cm；蓇葖卵圆形或球形，顶端有短尖的喙。花期 3 ～ 5 月，果期 7 ～ 8 月。

产地分布 原产于华南南部地区，广东鼎湖山有野生。

适生区域 广东各地均可生长。

生长习性 喜弱阴，不耐暴晒和干燥，喜暖热多湿气候及酸性土壤，不耐石灰质土壤，

有一定耐寒力。抗大气污染，吸收有毒气体能力较强。

观赏特性 枝叶茂密，花多溢香，为著名的芳香花木，曾有诗谈到它的芳香："秋来二笑再芬芳，紫笑何如白笑强，只有此花偷不得，无人知处忽然香"。

生态功能 净化空气效果较好。

建设用途 可用于交通主干道道路绿化和林带绿化以及景观节点绿化。

假鹰爪

番荔枝科 Annonaceae

■ 学名 *Desmos chinensis* Lour.

■ 别名 一串珠、鸡爪凤、鸡爪叶

形态特征 直立或攀援灌木，有时上枝蔓延。除花外，全株无毛；枝皮粗糙，有纵条纹，有灰白色凸起的皮孔。叶薄纸质或膜质，长圆形或椭圆形，少数为阔卵形，长 4 ～ 13cm，宽 2 ～ 5cm，顶端钝或急尖，基部圆形或稍偏斜，上面光泽，下面粉绿色。花黄白色，单朵与叶对生或互生；花梗无毛；萼片外面被微柔毛；果有柄，念珠状；种子球状；花期夏至冬季，果期 6 月至翌年春季。

产地分布 原产我国广东、广西、云南和贵州。印度、老挝、柬埔寨、越南、马来西亚、新加坡、菲律宾和印度尼西亚也有分布。

适生区域 广东各地均可生长。

生长习性 耐阴，喜温暖湿润气候，喜肥沃、排水良好、酸性的轻黏壤土，也耐干旱瘠薄。

观赏特性 花美香浓，香气持久，果序如串珠，会从绿色变成红色再变成紫色，似鹰爪，颇具观赏性。

生态功能 攀援灌木，可用于隧道口、采石场等特殊地段绿化。

建设用途 可用于交通主干道道路绿化和景观节点绿化。

小叶紫薇

千屈菜科 Lythraceae

■ 学名　*Lagerstroemia indica* L.

■ 别名　百日红、痒痒树

形态特征　落叶灌木或小乔木，高可达 10m；树皮平滑，灰色或灰褐色。枝干多扭曲，小枝四棱形，无毛。叶对生或近对生，纸质，椭圆形、阔长圆形或倒卵形，长 2.5 ～ 7cm，宽 1.5 ～ 4cm，顶端短尖或钝形，有时微凹，基部阔楔形或近圆形，无毛或下面脉上有毛，具短柄。花淡红或紫色、白色，径 3 ～ 4cm，常组成 7 ～ 20cm 的顶生圆锥花序；花瓣 6，皱缩；萼裂片 6；雄蕊 36 ～ 42，外面 6 枚着生在花萼上，特长。果卵圆状球形或阔椭圆形，长 1 ～ 1.3cm，基部有宿存花萼，6 瓣裂。花期 6 ～ 9 月，果期 9 ～ 12 月。

产地分布　原产我国华东、华中、华南、西南各地。斯里兰卡、印度、尼泊尔、孟加拉国和印度尼西亚也有分布。

适生区域 广东各地均可生长。

生长习性 耐干旱，对土壤要求不严，喜生于肥沃湿润的土壤。对二氧化硫、氟化氢及氮气的抗性强，能吸入有害气体。

观赏特性 树姿优美，树干光滑洁净，花色艳丽，开花时正当夏秋少花季节，花期极长，故有“百日红”之称。轻轻抚摸树干，立即会枝摇叶动，浑身颤抖，好似“怕痒”的一种全身反应，实是令人称奇，故又名“痒痒树”。

生态功能 净化空气效果明显。

建设用途 可用于交通主干道道路绿化和林带绿化以及景观节点绿化。

簕杜鹃

紫茉莉科 Nyctaginaceae

■ 学名 *Bougainvillea spectabilis* Willd.
■ 别名 叶子花、毛宝巾、三角花

形态特征 藤状灌木。枝、叶密生柔毛；刺腋生、下弯；叶片椭圆形或卵形，基部圆形，有柄。花序腋生或顶生；苞片椭圆状卵形，基部圆形至心形，长 2.5 ~ 6.5cm，宽 1.5 ~ 4cm，暗红色或淡紫红色；花被管狭筒形，长 1.6 ~ 2.4cm，绿色，密被柔毛，顶端 5 ~ 6 裂，裂片开展，黄色，长 3.5 ~ 5mm；雄蕊通常 8；子房具柄；果实长 1 ~ 1.5cm，密生毛。花期冬春间。

产地分布 原产热带美洲。

适生区域 宜生长在广东中部以南地区。

生长习性 喜光，喜温暖气候，不耐寒，不择土壤。

观赏特性 苞片色彩鲜艳如花，且持续时间长，观赏价值很高，每逢新春佳节，绿叶衬托着鲜红色苞片，格外璀璨夺目。

生态功能 可用于采石场、取土场等特殊地段绿化。

建设用途 可用于交通主干道林带绿化和景观节点绿化。

海　桐

海桐花科 Pittosporaceae

■ 学名　*Pittosporum tobira*（Thunb.）Ait.

■ 别名　海桐花

形态特征　常绿灌木或小乔木，高可达 6m。嫩枝被褐色柔毛，有皮孔。叶聚生于枝顶，革质，嫩时上下两面有柔毛，以后变秃净，倒卵形或倒卵状披针形，长 4 ～ 9cm，宽 1.5 ～ 4cm，上下深绿色，发亮，干后暗晦无光，先端圆形或钝，常微凹入或为微心形，基部窄楔形，侧脉 6 ～ 8 对；伞形花序或伞房状伞形花序顶生或近顶生，密被黄褐色柔毛；花白色，有芳香，后变黄色；花瓣倒披针形；子房长卵形，密被柔毛，蒴果圆球形。花期 5 月，果 10 月成熟。

产地分布　原产我国江苏南部、浙江、福建、台湾、广东等地；朝鲜、日本亦有分布。

适生区域　广东各地均可生长。

生长习性　喜光，略耐阴；喜温暖湿润气候及肥沃湿润土壤，耐寒性不强。抗海潮风及二氧化硫等有毒气体能力较强。

观赏特性 枝叶茂密，树冠球形；叶色浓绿而有光泽，经冬不凋；初夏花朵清丽芳香，入秋果熟开裂时露出红色种子，也颇为美观，是南方城市的绿化观赏树种。

生态功能 因有抗海潮风及有毒气体能力，故为海岸防潮林及厂矿区绿化树种，并宜作城市隔噪声和防火林带的下木。

建设用途 可用于交通主干道道路绿化和林带绿化以及景观节点绿化。

红果仔

桃金娘科 Myrtaceae

■ 学名 *Eugenia uniflora* L.

■ 别名 番樱桃、扁樱桃

形态特征 灌木或小乔木，高可达 5m。全株无毛。叶片纸质，卵形至卵状披针形，长 3.2 ～ 4.2cm，宽 2.3 ～ 3cm，先端渐尖或短尖，钝头，基部圆形或微心形，上面绿色发亮，下面颜色较浅，两面无毛，有无数透明腺点，侧脉每边约 5 条，稍明显；叶柄极短，长约 1.5mm。花白色，稍芳香，单生或数朵聚生于叶腋，短于叶；萼片 4，长椭圆形，外翻。浆果球形，熟时深红色，有种子 1 ～ 2 颗。花期春季。

产地分布 原产巴西。

适生区域 较宜生长在广东中部以南地区。

生长习性 喜温暖湿润的环境，在阳光充足处和半阴处都能正常生长，不耐干旱，也不耐寒。

观赏特性 果成熟后，宛若大红灯笼，十分别致。

生态功能 果实是鸟雀喜爱的食物，对维护生态系统平衡具有一定意义。

建设用途 可用于交通主干道道路绿化和林带绿化以及景观节点绿化。

野牡丹

野牡丹科 Melastomataceae

■ 学名 *Melastoma malabathricum* L.（*M. candidum* D. Don）

■ 别名 山石榴、大金香炉、豹牙兰

形态特征 灌木，高 0.5 ~ 1.5m。分枝多；茎钝四棱形或近圆柱形，密被紧贴的鳞片状糙伏毛，毛扁平边缘流苏状。叶片坚纸质，卵形或广卵形，顶端急尖，基部浅心形或近圆形，长 4 ~ 10cm，宽 2 ~ 6cm，全缘，7 基出脉，两面被糙伏毛及短柔毛，背面基出脉隆起，被鳞片状糙伏毛，侧脉隆起，密被长柔毛；叶柄长 5 ~ 15mm，密被鳞片状糙伏毛。伞房花序生于分枝顶端，近头状，有花 3 ~ 5 朵，稀单生，基部具叶状总苞 2，苞片披针形或狭披针形，密被鳞片状糙伏毛；花瓣玫瑰红色或粉红色，倒卵形，长 3 ~ 4cm，顶端圆形，密被缘毛；蒴果坛状球形，与宿存萼贴生，密被鳞片状糙伏毛；花期 5 ~ 7 月，果期 10 ~ 12 月。

产地分布 原产我国云南、广西、广东、福建、台湾，中南半岛也有分布。

适生区域 广东各地均可生长。

生长习性 喜温暖湿润的气候，稍耐旱和耐贫瘠，以疏松、富含腐殖质的土壤为好，是酸性土的指示植物。

观赏特性 花美丽，花期长，可于庭园栽培观赏。

生态功能 固土、固沙能力较强。

建设用途 可用于交通主干道道路绿化和林带绿化以及景观节点绿化。

使君子

使君子科 Combretaceae

- 学名 *Quisqualis indica* L.
- 别名 四君子、史君子、留求子

形态特征 藤状灌木，高 2 ～ 8m。小枝被棕黄色短柔毛。叶薄纸质，卵形、长圆形或椭圆形，长 5 ～ 11cm，宽 2.5 ～ 5.5cm，先端短渐尖，基部圆，全缘或微波状，叶面无毛，背面有时疏被锈色柔毛；叶柄长 5 ～ 8mm，幼时有锈色柔毛，叶片脱落后叶柄残部坚硬呈刺状。顶生穗状花序；花萼筒细长管状，被黄色脱落性柔毛；花瓣 5，长圆形或倒卵状长圆形，初为白色，后渐变淡红色；雄蕊 10 枚，短，排成 2 轮；子房 1 室，胚珠 3 颗；假蒴果纺锤形，种子 1 颗。花期 5 ～ 10 月。

产地分布 原产我国广东、海南、四川、贵州、云南、湖南、广西、江西、福建及台湾等地；印度、缅甸、印度尼西亚及菲律宾也有分布。

适生区域 广东各地均可生长。

生长习性 性喜温暖、湿润，怕严重霜冻，宜种向阳处。对土壤要求不严，但以肥沃、湿润酸性土为佳。

观赏特性 攀附力强，叶茂荫浓，花序多花，花大、花色艳丽纷呈。花期长，夏秋繁花不绝。

生态功能 可用于取土场绿化。

建设用途 可用于交通主干道林带绿化和景观节点绿化。

大红花

锦葵科 Malvaceae

■ 学名 *Hibiscus rosa-sinensis* L.

■ 别名 扶桑、朱槿

形态特征 常绿灌木，高可达 1 ～ 3m。小枝圆柱形，疏被星状柔毛。叶阔卵形或狭卵形，长 4 ～ 9cm，宽 2 ～ 5cm，先端渐尖，基部圆形或楔形，边缘具粗齿或缺刻，两面除背面沿脉上少许疏毛外均无毛；托叶线形，被毛。花单生于上部叶腋间，常下垂，花梗长 3 ～ 7cm，疏被星状柔毛或近平滑无毛；花冠漏斗形，玫瑰红色或淡红、淡黄等色，花瓣倒卵形，先端圆，外面疏被柔毛；蒴果卵形，平滑无毛；花期全年。

产地分布 原产我国广东、云南、台湾、福建、广西、四川等地。

适生区域 全省各地均可生长。

生长习性 喜光，喜温暖湿润气候，不耐寒，喜肥沃湿润而排水良好的土壤。

观赏特性 花似木槿，朝开暮萎，花开不绝，故名朱槿。花色鲜艳，花大形美，品种繁多，是著名的观赏花木。

生态功能 涵养水源、保持水土能力较强。

建设用途 可用于交通主干道道路绿化和林带绿化以及景观节点绿化。

变叶木

大戟科 Euphorbiaceae

■ 学名 *Codiaeum variegatum*（L.）Rumph. ex A. Juss.

■ 别名 洒金榕

形态特征 常绿灌木，高可达 2m。全株无毛，有明显叶痕。叶片形状和大小均多样，椭圆形、倒卵形至披针形或形状奇异并扭歪等，全缘或浅裂至深裂，绿色或具颜色，有的具黄色斑点或红色等斑块。总状花序长而下垂。雄花，花梗较长，花萼裂片 5；花瓣 5，小；雌花，花梗长约 1mm；无花瓣，具花盘；子房近球形，无毛，外弯。蒴果近球形，红色变暗褐色。花期 9 ~ 10 月。

产地分布 原产太平洋群岛或澳大利亚热带地区。

适生区域 较宜生长在广东中部以南地区。

生长习性 喜温暖湿润气候，不耐霜冻，喜光，光线越足，色彩越鲜艳。

观赏特性 叶形多变，美丽奇异，绿、黄红、青铜、褐、橙黄等油画般斑斓的色彩十分美丽，是一种珍贵的热带观叶树种。

生态功能 保持水土能力较强。

建设用途 可用于交通主干道道路绿化和林带绿化以及景观节点绿化。

红背桂

大戟科 Euphorbiaceae

■ 学名 *Excoecaria cochinchinensis* Lour.

■ 别名 红背桂花

形态特征 常绿灌木，高达 1m。枝无毛，具多数皮孔。叶对生，稀兼有互生或近 3 片轮生，纸质，叶片狭椭圆形或长圆形，长 6 ~ 14cm，宽 1.2 ~ 4cm，顶端长渐尖，基部渐狭，边缘有疏细齿，两面均无老，腹面绿色，背面紫红或血红色；中脉于两面均凸起，网脉不明显；托叶卵形，顶端尖。花单性，总状花序；蒴果球形，基部截平，顶端凹陷；花期几乎全年。

产地分布 原产我国台湾、广东、广西、云南等地区，亚洲东南部各地也有分布。

适生区域 全省各地均可生长。

生长习性 喜光，喜温暖至高温湿润气候，耐半阴，耐干旱，耐瘠薄，不耐严寒，忌强光暴晒；土质以富含有机质、肥沃和排水良好的砂质土壤为佳。

观赏特性 叶上面亮绿色，下面紫色，花的形状乍看似桂花，故名“红背桂”。

生态功能 调解区域气候、净化空气效果较好。

建设用途 可用于交通主干道道路绿化和林带绿化以及景观节点绿化。

红叶石楠

蔷薇科 Rosaceae

■ 学名 *Photinia × fraseri* 'Red Robin'

形态特征 常绿灌木或小乔木，高 4 ~ 6m，稀可达 12m。小枝褐灰色，无毛。叶革质，长椭圆形、长倒卵形或倒卵状椭圆形，长 9 ~ 22cm，宽 3 ~ 6.5cm，先端尾尖，基部圆形或宽楔形，边缘有疏生带腺细锯齿，近基部全缘，无毛；叶柄长 2 ~ 4cm，老时无毛。复伞房花序顶生，总花梗和花梗无毛；花梗长 3 ~ 5mm；花白色，直径 6 ~ 8mm。梨果球形，直径 5 ~ 6mm，红色或褐紫色。

产地分布 原产我国陕西、华东、中南、西南，印度尼西亚也有分布。

适生区域 全省各地均可生长。

生长习性 喜温暖、潮湿、阳光充足的环境，耐寒性强。喜强光，也有很强的耐阴能力。耐瘠薄，有一定的耐盐碱性和耐干旱能力，不耐水湿。对二氧化硫、氯气有较强的抗性。

观赏特性 枝繁叶茂，树冠圆球形，早春嫩叶绛红，初夏白花点点，秋末累累赤实，冬季老叶常绿，观赏价值高。其新梢和嫩叶鲜红且持久，艳丽夺目，果序亦为红色，秋冬季节，红绿相间，是绿化树种中不可多得的红叶系列的观叶彩叶树种。

生态功能 可用于边坡绿化，固土护坡。

建设用途 可用于交通主干道道路绿化和林带绿化以及景观节点绿化。

春　花

蔷薇科 Rosaceae

■ 学名 *Rhaphiolepis indica*（L.）Lindl. ex Ker

■ 别名 车轮梅、石斑木

形态特征 常绿灌木，高可达 4m。幼枝初被褐色茸毛，以后逐渐脱落近于无毛。叶片集生于枝顶，卵形、长圆形，稀倒卵形或长圆披针形，基部渐狭连于叶柄，边缘具细钝锯齿，上面光亮，平滑无毛，下面色淡，无毛或被稀疏茸毛，；托叶钻形，脱落。顶生圆锥花序或总状花序，总花梗或花梗被锈色茸毛。花瓣 5，白色或淡红色，倒卵形或披针形。果实球形，紫黑色。花期 4 月，果期 7 ~ 8 月。

产地分布 原产我国安徽、浙江、江西、湖南、贵州、云南、福建、广东、广西、台湾。日本、老挝、越南、柬埔寨、泰国和印度尼西亚也有分布。

适生区域 广东各地均可生长。

生长习性 喜半阴，但在向阳处也能生长良好，喜温暖潮湿气候，耐干旱和贫瘠，土质以富含有机质的砂质壤土为佳。

观赏特性 枝叶繁茂，形成圆形或半圆形树冠，花多而色美，在春季正是万物苏醒之时，它已花开灿烂，故名“春花”。

生态功能 水土保持功能较强。

建设用途 可用于交通主干道道路绿化和林带绿化以及景观节点绿化。

红绒球

含羞草科 Mimosaceae

■ 学名 *Calliandra haematocephala* Hassk.

■ 别名 朱缨花、美蕊花

形态特征 落叶灌木或小乔木，高 1 ~ 3m。小枝圆柱形，褐色，粗糙。托叶卵状披针形，宿存。二回羽状复叶，羽片 1 对；小叶 7 ~ 9 对，斜披针形，中上部的小叶较大，下部的较小，先端钝而具小尖头，基部偏斜，边缘被疏柔毛；头状花序腋生，直径约 3cm；花冠淡紫红色，无毛。荚果线状倒披针形，暗棕色。种子长圆形，棕色；花期 8 ~ 9 月，果期 10 ~ 11 月。

产地分布 原产南美。

适生区域 较宜生长在广东中部以南地区。

生长习性 喜温暖、高温湿润气候；喜光，稍耐荫蔽；对土壤要求不高，但忌积水。

观赏特性 枝叶扩展，花序呈红绒球状，在绿叶丛中鲜艳夺目，初春萌发淡红色嫩叶，为优良的木本花卉植物。

生态功能 抗性较强，可用于厂矿区周边绿化。

建设用途 可用于交通主干道道路绿化和林带绿化以及景观节点绿化。

翅荚决明

苏木科 Caesalpiniaceae

■ 学名 *Senna alata*（L.）Roxb.（*Cassia alata* L.）

■ 别名 翅荚黄槐、翅荚槐

形态特征 直立灌木，高 1.5 ~ 3m。枝粗壮，绿色。叶长 30 ~ 60cm；在靠腹面的叶柄和叶轴上有 2 条纵棱条，有狭翅，托叶三角形；小叶 6 ~ 12 对，薄革质，倒卵状长圆形或长圆形。顶端圆钝而有小短尖头，基部斜截形。花序顶生和腋生，具长梗；花瓣黄色，有明显的紫色脉纹；荚果长带状，每果瓣的中央顶部有直贯至基部的翅，翅纸质；种子扁平，三角形。花期 11 月至翌年 1 月；果期 12 月至翌年 2 月。

产地分布 原产美洲热带地区。

适生区域 较宜生长在广东中部以南地区。

生长习性 性喜高温，通风、排水及日照均需良好。

观赏特性 苞叶和花芽具有鲜明的黄色，具有较高的观赏价值。

生态功能 叶子或枝液含有大黄酚，具杀灭真菌功能。

建设用途 可用于交通主干道道路绿化和林带绿化以及景观节点绿化。

双荚槐

苏木科 Caesalpiniaceae

■ 学名 *Senna bicapsularis*（L.）Roxb.（*Cassia bicapsularis* L.）

■ 别名 双荚决明

形态特征 常绿直立灌木，高 1 ～ 3m。多分枝，无毛。叶长 7 ～ 12cm，有小叶 3 ～ 4 对；叶柄长 2.5 ～ 4cm，小叶倒卵形或倒卵状长圆形，膜质，长 2.5 ～ 3.5cm，宽约 1.5cm，顶端圆钝，基部渐狭，偏斜，下面粉绿色，侧脉纤细，在近边缘处呈网结；在最下方的一对小叶间有黑褐色线形而钝头的腺体 1 枚，总状花序生于枝条顶端的叶腋间，常集成伞房花序状，花鲜黄色；雄蕊 10 枚，7 枚能育；荚果圆柱形，膜质，直或微曲，长 13 ～ 17cm；种子 2 列。花期 10 ～ 11 月，果期 11 月至翌年 3 月。

产地分布 原产美洲热带地区。我国广东、广西等地广泛栽培。

适生区域 广东各地均可生长。

生长习性 喜光，喜高温湿润气候，不耐干旱，不耐寒，喜肥沃的砂质壤土。

观赏特性 分枝茂密，常成密丛，小叶翠绿，常具金边。花期长，花多而灿烂夺目。

生态功能 涵养水源、保持水土功能较强。

建设用途 可用于交通主干道道路绿化和林带绿化以及景观节点绿化。

龙牙花

蝶形花科 Papilionaceae

■ 学名 *Erythrina corallodendron* L.

■ 别名 象牙红、美洲刺桐

形态特征 灌木或小乔木，高 3 ～ 5m。茎和枝条有散生粗刺。羽状复叶有 3 小叶；小叶菱状卵形，长 5 ～ 10cm，宽 3.5 ～ 7cm，先端渐尖，具尾状钝尖头，基部阔楔形，两面无毛。总状花序腋生，花深红色，具短梗，2 ～ 3 朵簇生，与花序轴成直角或稍下垂；花萼钟状，先端近截平；旗瓣长椭圆形，长约 4.2cm，瓣柄短或近无柄，翼瓣最短，长约 1.4cm，龙骨瓣也无瓣柄；雄蕊 10 枚，二体；子房有柄，有白色柔毛。荚果长约 10cm，无毛；深红色，常有黑斑。花、果期 6 ～ 11 月。

产地分布 原产南美洲。我国南方各大城市及香港、台湾均有栽培，长江流域及其以北地区则于温室栽培。

适生区域 全省各地均可生长。

生长习性 性喜温暖湿润气候。

观赏特性 叶绿色，花绯红，很美丽，是一种美丽的观赏树种，适于庭园孤植或丛植。

生态功能 固土能力较强。

建设用途 可用于交通主干道道路绿化和林带绿化以及景观节点绿化。

红花檵木

金缕梅科 Hamamelidaceae

■ 学名 *Loropetalum chinense*（R.Br.）Oliv. var. *rubrum* Yieh

■ 别名 红檵木

形态特征 常绿灌木，有时为小乔木，多分枝，小枝有星毛。叶革质，卵形，长 2 ～ 5cm，先端尖锐，基部钝，不对称，上面略有粗毛或秃净，干后暗绿色，无光泽，下面被星毛，稍带灰白色，侧脉约 5 对，在上面明显，在下面突起，全缘；叶柄有星毛；托叶膜质，早落；花紫红色，3 ～ 8 朵簇生，有短花梗；蒴果卵圆形。花期 4 ～ 5 月。

产地分布 原产于我国长江中下游及以南地区，印度北部也有分布。

适生区域 全省各地均可生长。

生长习性 喜光，喜温暖凉爽和湿润的气候，耐寒、耐旱，不耐贫瘠，不耐高温。耐修剪，萌芽力强。

观赏特性 叶色红褐色，花浓桃红至红色，花瓣细长如彩带，迎风飘逸，优雅美观。

生态功能 涵养水源、保持水土功能较强。

建设用途 可用于交通主干道道路绿化和林带绿化以及景观节点绿化。

黄金榕

桑科 Moraceae

■ 学名　*Ficus microcarpa* L. f. ‘Golden Leaves’
■ 别名　黄叶榕、黄斑榕

形态特征　常绿小乔木或灌木，高达 5m。树冠广阔，树干多分枝。单叶互生，叶形为椭圆形或倒卵形，叶表光滑，叶缘整齐，叶有光泽，嫩叶呈金黄色，老叶则为深绿色。球形的隐头花序，其中有雄花及雌花聚生。桑科的果实中，常有寄生蜂寄生其中。它拥有几乎榕树的一切特征：开隐头花、有须根、叶小而富蜡质，唯一不同的是叶子的颜色。

产地分布　原产我国台湾及华南地区，东南亚及大洋洲也有分布。

适生区域　广东各地均可生长。

生长习性　喜高温多湿的环境，较不耐旱。日照充足会使叶色更金黄亮丽，相反的，较阴暗处生长叶色会比较深绿色。

观赏特性 枝叶茂密，树冠扩展，树叶金黄，阳光下璀璨夺目。

生态功能 抗污染能力十分强，适合于道路绿化。

建设用途 可用于交通主干道道路绿化和林带绿化以及景观节点绿化。

九里香

芸香科 Rutaceae

■ 学名 *Murraya exotica* L.

■ 别名 石桂树、千里香

形态特征 小乔木或灌木，高可达 8m。枝白灰或淡黄灰色，但当年生枝绿色。小叶 3 ～ 7 片，小叶倒卵形或倒卵状椭圆形，两侧常不对称，长 1 ～ 6cm，宽 0.5 ～ 3cm，顶端圆或钝，有时微凹，基部短尖，一侧略偏斜，边全缘，平展；小叶柄甚短；花序通常顶生，或顶生兼腋生，花多朵聚成伞状，为缩短的圆锥状聚伞花序；花白色，芳香；萼片卵形，花瓣 5 片，长椭圆形，盛花时反折；果橙黄至朱红色，阔卵形或椭圆形，顶部短尖，略歪斜，有时圆球形。花期 4 ～ 8 月，也有秋后开花，果期 9 ～ 12 月。

产地分布 原产台湾、福建、广东、海南、广西等地区南部。

适生区域 广东各地均可生长。

生长习性 喜温暖湿润，耐干热，不耐寒。要求阳光充足，土层深厚、肥沃及排水良好的砂质土。

观赏特性 树冠优美，四季常青，花香怡人，为优良的芳香花木。

生态功能 净化空气能力较强。

建设用途 可用于交通主干道道路绿化和林带绿化以及景观节点绿化。

锦绣杜鹃

杜鹃花科 Ericaceae

■ 学名 *Rhododendron pulchrum* Sweet
■ 别名 毛杜鹃、鲜艳杜鹃

形态特征 半常绿灌木，高 1.5 ~ 2.5m。枝开展，淡灰褐色，被淡棕色糙伏毛；叶薄革质，椭圆状长圆形至椭圆状披针形或长圆状倒披针形，先端钝尖，基部楔形，边缘反卷，全缘，上面深绿色，初时散生淡黄褐色糙伏毛，后近于无毛，下面淡绿色，被微柔毛和糙伏毛，中脉和侧脉在上面下凹，下面显著凸出；叶柄长 3 ~ 6mm，密被棕褐色糙伏毛。伞形花序顶生，有花 1 ~ 5 朵；花萼大，绿色，5 深裂，裂片披针形，被糙伏毛；花冠玫瑰紫色，阔漏斗形，裂片 5，阔卵形，具深红色斑点；雄蕊 10，花丝线形，下部被微柔毛；子房卵球形，密被黄褐色刚毛状糙伏毛；蒴果长圆状卵球形，被刚毛状糙伏毛，花萼宿存；花期 4 ~ 5 月，果期 9 ~ 10 月。

产地分布 原产江苏、浙江、江西、福建、湖北、湖南、广东和广西。

适生区域 广东各地均可生长。

生长习性 喜温暖湿润气候，耐阴，要求富含腐殖质、疏松、湿润的酸性土壤。

观赏特性 花明艳美丽，著名的赏花灌木。

生态功能 可用于边坡绿化，固土能力较强。

建设用途 可用于交通主干道道路绿化和林带绿化以及景观节点绿化。

映山红

杜鹃花科 Ericaceae

■ 学名 *Rhododendron simsii* Planch.
■ 别名 杜鹃花、满山红、红杜鹃

形态特征 半常绿灌木，高可达 4 ~ 5m。多分枝；小枝、叶柄、花梗、花萼、子房和蒴果均密被平贴、红褐色或灰褐色绢质糙伏毛，叶薄革质，春发叶椭圆形至长圆状椭圆形，很少倒披针形，长 3.5 ~ 7cm，宽 1 ~ 2.5cm，顶端尖，基部楔形，两面被毛，叶柄长 2 ~ 6mm。伞房花序顶生，有花 2 ~ 6 朵；花萼大，裂片长圆形或披针形，长 2 ~ 6mm，花冠阔漏斗形，猩红色，裂片 5，上部的裂片有深色斑；雄蕊 10，与花冠等长，花丝中部以上被微柔毛；花柱无毛，外伸。蒴果卵圆形，长 8mm。花期 2 ~ 4 月，果期 7 ~ 9 月。

产地分布 原产于长江流域以南各地，西至云南；越南也有分布。

适生区域 广东各地均可生长。

生长习性 喜半阴，忌暴晒。喜温暖湿润气候及酸性土壤，不耐寒，较耐贫瘠和干燥。

观赏特性 春日红花开遍山野，鲜艳夺目，花大、色艳，花期长，为世界著名的观赏植物，种类甚多，皆具观赏价值。

生态功能 可用于山坡绿化。

建设用途 可用于交通主干道道路绿化和林带绿化以及景观节点绿化。

灰 莉

马钱科 Loganiaceae

■ 学名 *Fagraea ceilanica* Thunb.

■ 别名 非洲茉莉

形态特征 攀援灌木或小乔木，高可达 12m。小枝粗，直径 4 ~ 7mm。叶对生，鲜时稍肉质，干时近革质，长圆形，椭圆形至倒卵形，顶端渐尖，急尖或圆而具小尖头，基部通常渐狭，下延，侧脉不明显；花序顶生，有花 1 ~ 3 朵，具极短的总花梗；花萼钟状，革质，裂片卵形；花冠白色，漏斗状，上部扩大，裂片倒卵形；浆果近球形。花期 5 月，果期 10 ~ 12 月。

产地分布 原产我国台湾、海南、广东、广西、云南南部，印度、中南半岛和东南亚各国。

适生区域 广东各地均可生长。

生长习性 性喜阳光，耐阴，耐寒力强，在南亚热带地区终年青翠碧绿，长势良好。对土壤要求不严，适应性强，易栽培。

观赏特性 分枝茂密，枝叶深绿色，花大而芬香，为良好的庭院观赏植物。

生态功能 抗污染能力强，适合于道路隔离带绿化。

建设用途 可用于交通主干道道路绿化和林带绿化以及景观节点绿化。

小叶女贞

木犀科 Oleaceae

■ 学名 *Ligustrum sinense* Lour.

■ 别名 山指甲

形态特征 落叶灌木，高 1 ～ 3m。小枝淡棕色，圆柱形，密被微柔毛，后脱落。叶片薄革质，形状和大小变异较大，披针形、长圆状椭圆形、椭圆形、倒卵状长圆形至倒披针形或倒卵形，先端锐尖、钝或微凹，基部狭楔形至楔形，叶缘反卷，上面深绿色，下面淡绿色，常具腺点，两面无毛，稀沿中脉被微柔毛，中脉在上面凹入，下面凸起，侧脉 2 ～ 6 对，不明显，在上面微凹入，下面略凸起，近叶缘处网结不明显；叶柄长 0.5mm，无毛或被微柔毛。圆锥花序顶生，近圆柱形，分枝处常有 1 对叶状苞片；小苞片卵形，具睫毛；花萼无毛，萼齿宽卵形或钝三角形；花冠长 4 ～ 5mm，花冠管长 2.5 ～ 3mm，裂片卵形或椭圆形，先端钝；雄蕊伸出裂片外；果倒卵形、宽椭圆形或近球形，呈紫黑色。花期 5 ～ 7 月，果期 8 ～ 11 月。

产地分布 原产于陕西南部、山东、江苏、安徽、浙江、江西、河南、湖北、四川、贵州西北部、云南、西藏察隅。

适生区域 广东各地均可生长。

生长习性 喜光，稍耐阴；喜温暖湿润气候，亦耐寒，耐干旱；对土壤适应性强。对各种有毒气体抗性均强。

观赏特性 花洁白，美观，可作绿蓠、绿墙，也可整形成长、短、方、圆各种几何图形。

生态功能 优良的抗污染树种，适宜公路和厂矿企业绿化。

建设用途 可用于交通主干道道路绿化和林带绿化以及景观节点绿化。

软枝黄蝉

夹竹桃科 Apocynaceae

■ 学名 *Allamanda cathartica* L.

形态特征 藤状灌木，长达 4m。枝条软，弯垂，有乳状汁液。叶 3 ~ 4 片轮生或有时对生，长圆形或倒卵状长圆形，长 6 ~ 12cm，宽 2 ~ 4cm，除下面脉上被微毛外，余均无毛；侧脉每边 6 ~ 12 条；在下面稍明显，扁平。花冠黄色，漏斗状，基部不膨大，上部膨大，喉部有白色斑点，裂片卵形，顶端圆，广展。蒴果球形，具长刺；种子黑色，扁平。花期为春、夏季，果期冬季。

产地分布 原产巴西。

适生区域 全省各地均可生长。

生长习性 喜光，喜高温多湿气候，不耐寒，不耐干旱，对土壤要求不严。

观赏特性 枝叶繁茂，四季常青，花色艳丽，可供观赏。

生态功能 适合于道路分隔带绿化。

建设用途 可用于交通主干道道路绿化和林带绿化以及景观节点绿化。

狗牙花

夹竹桃科 Apocynaceae

■ 学名 *Tabernaemontana divaricata*（L.）R. Br. ex Roem. et Schult. ‘Gouyahua’

■ 别名 白狗牙、狮子花、豆腐花

形态特征 常绿灌木，通常高达 3m。有丰富乳状汁液 7；枝和小枝灰绿色，有皮孔，干时有纵向条纹；叶坚纸质，椭圆形或椭圆状长圆形，长 5.5 ~ 11.5cm，宽 1.5 ~ 3.5cm，顶端短渐尖，基部楔形；侧脉每边 9 ~ 12 条，上面扁平，下面略隆起；托叶椭圆形，基部扩大而合生；聚伞花序，花 6 ~ 10 朵，近顶生；花冠白色，重瓣，边缘皱波状；种子 3 ~ 6 颗，长圆形。花期 5 ~ 11 月，果期秋季。

产地分布 原产于云南、广西、广东、福建和台湾等地，孟加拉国、不丹、尼泊尔、印度、缅甸、泰国也有分布。

适生区域 广东各地均可生长。

生长习性 喜光，喜高温湿润气候，不耐旱，不耐阴，栽培需肥沃、湿润的砂质壤土。

观赏特性 著名香花植物，因其花冠裂片边缘有皱纹，状如狗牙，故名。

生态功能 可用于道路分隔带绿化。

建设用途 可用于交通主干道道路绿化和林带绿化以及景观节点绿化。

夹竹桃

夹竹桃科 Apocynaceae

■ 学名 *Nerium oleander* L.（*N. indicum* Mill.）

■ 别名 红花夹竹桃、柳叶桃树、洋桃

形态特征 常绿直立大灌木，高达 5m。枝条灰绿色；叶 3 ~ 4 枚轮生，下枝为对生，窄披针形，顶端急尖，基部楔形，叶缘反卷，长 11 ~ 15cm，宽 2 ~ 2.5cm，下面深绿，无毛，叶背浅绿色；聚伞花序顶生，着花数朵；苞片披针形；花芳香；花萼 5 深裂，红色，披针形；花冠深红色或粉红色，漏斗状，其花冠筒圆筒形，上部扩大呈钟形；种子长圆形，基部较窄，褐色，被锈色短柔毛。花期几乎全年，夏秋最盛，果期一般在冬春季。

产地分布 原产印度、伊朗和阿富汗。全国各地均有栽培，尤以南方为多。现广植于世界热带地区。

适生区域 全省各地均可生长。

生长习性 喜光，但不耐阴，喜温暖湿润气候，耐海潮，耐贫瘠，对土壤要求不高，以偏干燥的土壤为佳。抗风，对二氧化硫、氯气等有毒气体有较强的抗性。

观赏特性 花大、艳丽、花期长，常作观赏。

生态功能 对汽车尾气抗性较强，是道路绿化的优良树种。

建设用途 可用于交通主干道道路绿化和林带绿化以及景观节点绿化。

栀子花

茜草科 Rubiaceae

■ 学名 *Gardenia jasminoides* Ellis

■ 别名 栀子、黄栀子、山栀子

形态特征 灌木，高达 3m。嫩枝常被短柔毛。叶对生，少为 3 片轮生，革质，叶形多样，长圆状披针形、倒卵状长圆形、倒卵形或椭圆形，长 2.5 ~ 3cm，宽 1.5 ~ 8cm，顶端渐尖或急尖，基部楔形或急尖，两面常无毛，上面亮绿，下面色较暗；侧脉 8 ~ 15 对，在下面凸起；叶柄长 0.2 ~ 1cm，托叶膜质。花芳香，常单朵生于枝顶；花梗长 3 ~ 5mm；萼管倒圆锥形或卵形，长 8 ~ 25mm，有纵棱；花冠白色或奶黄色，高脚碟状，喉部有疏柔毛，冠管狭圆筒形，常 6 裂，裂片广展，倒卵形或倒卵状长圆形；果卵形、近球形、椭圆形或长圆形，黄色或橙红色；种子多数。花期 3 ~ 7 月，果期 5 月至翌年 2 月。

产地分布 分布于我国长江以南各地。日本、朝鲜、越南也有。

适生区域 广东各地均可生长。

生长习性　喜光也能耐阴，喜温暖湿润气候，耐热也稍耐寒，喜肥沃、排水良好、酸性的轻黏壤土，也耐干旱瘠薄。抗二氧化硫能力强。

观赏特性　叶色亮绿，四季常青，花大洁白，芳香馥郁，又有一定耐阴和抗有毒气体的能力，故为良好的绿化、美化、香化材料。

生态功能　适合于道路分隔带绿化。

建设用途　可用于交通主干道道路绿化和林带绿化以及景观节点绿化。

龙船花

茜草科 Rubiaceae

■ 学名　*Ixora chinensis* Lam.

■ 别名　卖子木、山丹

形态特征　灌木，高约 0.8 ~ 2m。无毛；小枝初时深褐色，有光泽，老时呈灰色，具线条。叶对生，有时 4 枚轮生，披针形、长圆状披针形至长圆状倒披针形，长 6 ~ 13cm，宽 3 ~ 4cm，顶端钝或圆形，基部短尖或圆形；中脉在上面扁平或略凹入，在下面凸起；叶柄极短而粗或无；托叶基部阔，合生成鞘形，顶端长渐尖；花序顶生，多花，具短总花梗。花冠红色或红黄色，顶部 4 裂，裂片倒卵形或近圆形；花丝极短，花药长圆形，花柱短伸出冠管外；果近球形，双生，成熟时红黑色；花期 5 ~ 7 月。

产地分布 原产我国福建、广东、香港、广西；分布于越南、菲律宾、马来西亚、印度尼西亚等热带地区。在我国南部颇普遍，现广植于热带城市作庭园观赏。

适生区域 全省各地均可生长。

生长习性 喜高温多湿，喜光，在全日照或半日照时开花繁多，在阴蔽处则开花不良。在富含腐殖质、疏松肥沃的砂质壤土上生长最佳。

观赏特性 花红色而美丽，花期极长，是理想的观赏花木。

生态功能 可用于道路分隔带绿化。

建设用途 可用于交通主干道道路绿化和林带绿化以及景观节点绿化。

假连翘

马鞭草科 Verbenaceae

■ 学名 *Duranta erecta* L.（*D. repens* L.）

■ 别名 莲荞、洋刺、篱笆树

形态特征 常绿灌木，高约 1.5 ~ 3m。枝条有皮刺，幼枝有柔毛。叶对生，少有轮生，叶片卵状椭圆形或卵状披针形，长 2 ~ 6.5cm，宽 1.5 ~ 3.5cm，纸质，顶端短尖或钝，基部楔形，全缘或中部以上有锯齿，有柔毛；叶柄长约 1cm，有柔毛。总状花序顶生或腋生，常排成圆锥状；花萼管状，有毛，长约 5mm，具 5 棱，先端 5 裂；花冠通常蓝紫色，长约 8mm，先端 5 裂，裂片平展，内外有微毛；花柱短于花冠管，子房无毛，核果球形，无毛，有光泽，直径约 5mm，熟时红黄色，有增大宿存花萼包围。花果期 5 ~ 10 月，在南方可全年开花。

产地分布 原产热带美洲。热带、亚热带地区广泛栽培。

适生区域 较宜生长在广东南部地区。

生长习性 喜光，喜温暖湿润气候，在全日照或半日照条件下生长良好。不耐寒，耐半阴，对土壤要求不严，但需排水良好。

观赏特性 枝条柔软下垂，花色与果色极富色彩美，观花、观叶、观果并举。

生态功能 可用于道路分隔带绿化。

建设用途 可用于交通主干道道路绿化和林带绿化以及景观节点绿化。

醉蝶花

白花菜科 Capparaceae

■ 学名 *Cleome spinosa* Jacq.

■ 别名 紫龙须、西洋白花菜

形态特征 一年生草本，高 1.5m。全株被黏质腺毛，有特殊臭味，有托叶刺，尖利，外弯。叶为具 5 ~ 7 小叶的掌状复叶，小叶草质，椭圆状披针形或倒披针形，中央小叶最大，最外侧的最小，基部楔形，狭延成小叶柄，两面被毛，叶柄长 2 ~ 8cm，常有淡黄色皮刺。总状花序顶生；苞片叶状，单生，无柄；花梗长 2 ~ 3.5cm；萼长约 5mm，花瓣玫瑰红色或淡红色或白色，具长约 2.5cm 的爪，无毛，瓣片长圆形；雄蕊 6 枚；子房无毛；果长 5 ~ 6.5cm，密布网状纹；种子褐色，近平滑。花期初夏，果期夏末秋初。

产地分布 原产热带美洲。

适生区域 较宜生长在广东南部地区。

生长习性 喜光，喜温暖干燥环境，略能耐阴，不耐寒，要求土壤疏松、肥沃。对二氧化硫、氯气均有良好的抗性。

观赏特性 花瓣轻盈飘逸，似蝴蝶飞舞，颇为有趣。

生态功能 在污染较重的工厂、矿山能很好地生长。

建设用途 可用于交通主干道道路绿化和林带绿化以及景观节点绿化。

蔓花生

蝶形花科 Papilionaceae

■ 学名 *Arachis duranensis* Krapov. et W. C. Greg.

■ 别名 假花生、遍地黄金

形态特征 多年生宿根草本植物，叶互生，倒卵形；茎为蔓性，株高 10 ~ 15cm 左右，匍匐生长；花为腋生，蝶形，金黄色。花期春季至秋季。

产地分布 原产亚洲热带及南美洲。

适生区域 较宜生长在广东南部地区。

生长习性 生长健壮，叶柄基部有潜伏芽，分枝多，可节节生根，铺地平坦，草层厚度为 4 ~ 10cm，在全日照及半日照条件下生长良好，有较强的耐阴性。对土壤要求不严，以砂质壤土为佳。生长适温为 18 ~ 24℃。有一定的耐旱、耐热性。

观赏特性 花金黄色，叶色翠绿，具有很好的观赏性。

生态功能 根系发达，覆盖力强，能形成致密的地被，也可植于公路、边坡等地防止水土流失。

建设用途 可用于交通主干道道路绿化和林带绿化以及景观节点绿化。

猪屎豆

蝶形花科 Papilionaceae

■ 学名 *Crotalaria pallida* Ait.

形态特征 多年生草本，或呈灌木状。茎枝圆柱形，具小沟纹，密被紧贴的短柔毛。托叶极细小，刚毛状，通常早落；叶三出，柄长 2 ~ 4cm；小叶长圆形或椭圆形，长 3 ~ 6cm，宽 1.5 ~ 3cm，先端钝圆或微凹，基部阔楔形，上面无毛，下面略被丝光质短柔毛，两面叶脉清晰；小叶柄长 1 ~ 2mm。总状花序顶生，长达 25cm，有花 10 ~ 40 朵；苞片线形，长约 4mm；早落，小苞片的形状与苞片相似，长约 2mm，花时极细小，长不及 1mm，生萼筒中部或基部；花梗长 3 ~ 5mm；花萼近钟形，长 4 ~ 6mm，五裂，萼齿三角形，约与萼筒等长，密被短柔毛；花冠黄色，伸出萼外，旗瓣圆形或椭圆形，直径约 10mm，基部具胼胝体二枚，翼瓣长圆形，长约 8mm，下部边缘具柔毛，龙骨瓣最长，约 12mm，弯曲，几达 90°，具长喙，基部边缘具柔毛；子房无柄。荚果长圆形，长 3 ~ 4cm，径 5 ~ 8mm，幼时被毛，成熟后脱落，果瓣开裂后扭转；种子 20 ~ 30 颗。花、果期 9 ~ 12 月间。

产地分布 原产我国广东、台湾、福建、广西、四川、云南、浙江、湖南，美洲、非洲亚热带地区也有分布。

适生区域 广东各地均可生长。

生长习性 耐贫瘠、耐旱。

观赏特性 花期较长，花金黄色，观赏价值高。

生态功能 根系发达、可涵养水源，提高地力，特别适用于热带、亚热带公路、堤坝的边坡水土保持及生态恢复工程。

建设用途 可用于交通主干道道路绿化和林带绿化。

长春花

夹竹桃科 Apocynaceae

■ 学名 *Catharanthus roseus*（L.）G. Don

■ 别名 雁来红、日日草、日日新、三万花

形态特征 多年生草本，略有分枝，高达 60cm。全株无毛或仅有微毛；茎近方形，有条纹，灰绿色；节间长 1 ~ 3.5cm。叶膜质，倒卵状长圆形，长 3 ~ 4cm，宽 1.5 ~ 2.5cm，先端浑圆，有短尖头，基部广楔形至楔形，渐狭而成叶柄；叶脉在叶面扁平，在叶背略隆起，侧脉约 8 对。聚伞花序腋生或顶生，有花 2 ~ 3 朵；花萼 5 深裂，萼片披针形或钻状渐尖；花冠红色，高脚碟状，花冠裂片宽倒卵形；种子黑色，长圆状圆筒形。花期几乎全年。

产地分布 原产非洲东部。

适生区域 全省各地均可生长。

生长习性 喜温暖，忌干热，不耐寒。喜阳光充足，耐半阴。不择土壤，耐贫瘠，耐旱，忌水涝。

观赏特性 花期较长，开花繁茂，色彩艳丽，是优良的花卉。

生态功能 适合道路分隔带绿化。

建设用途 可用于交通主干道道路绿化和林带绿化以及景观节点绿化。

附 表

生态景观林带植物花色、花期和果期一览表

序号	树种	花色	花期	果期
1	银杏		4～5月	9～10月
2	落羽杉		3～5月	10月
3	长叶竹柏		3～5月	10～11月
4	鹅掌楸	黄色	5月	9～10月
5	荷花玉兰	白色	5～6月	9～10月
6	二乔玉兰	内面白色；外面淡紫	4月	9月
7	灰木莲	乳白色或乳黄色	4～5月	9～10月
8	白兰	白色	4～10月	
9	黄兰	淡黄色	6～7月	9～10月
10	乐昌含笑	淡黄色	3～4月	8～9月
11	含笑	淡黄色	3～5月	7～8月
12	火力楠	白色	3～4月	9～11月
13	观光木	淡红色	3～4月	10～11月
14	假鹰爪	黄白色	夏至冬季	6月至翌年春季
15	阴香	绿白色	3月	11～12月
16	樟树	淡黄色	4～5月	10～11月
17	潺槁树	乳黄色	夏季	秋冬
18	浙江润楠	淡黄色	4～5月	6月
19	醉蝶花	玫瑰红色或淡红色或白色	初夏	夏末秋初
20	鱼木	淡黄色	6～7月	10～11月
21	阳桃	淡紫红色	4～12月	7～12月
22	小叶紫薇	淡红、紫色或白色	6～9月	9～12月
23	大叶紫薇	淡红或紫色	5～7月	10～11月
24	八宝树	白色	3～5月	5～7月
25	无瓣海桑	白色	春季	秋季
26	海桑	暗红色	冬季	春末夏初
27	土沉香	黄绿色	3～5月	9～10月
28	簕杜鹃	红色或淡紫红色	冬春间	
29	红花银桦	橙红至鲜红色	11月至翌年5月	6～7月
30	银桦	橙黄色	4～5月	6～7月
31	海桐	白色后变黄色	5月	10月
32	杜鹃红山茶	红色	四季开花不断，盛花期是7～9月	
33	红花油茶	红色	1～2月	10～11月
34	大头茶	乳白色	10月至翌年2月	10月
35	木荷	先白色后变淡黄色	3～7月	9～10月
36	红千层	鲜红色	6～8月	
37	串钱柳	红色	4～9月	
38	水翁	绿白色	5～6月	9月
39	红果仔	白色	春季	5～6月

（续）

序号	树种	花色	花期	果期
40	白千层	白色	每年多次	
41	海南蒲桃	白色	3～4月	6～7月
42	红鳞蒲桃	白色	7～9月	11月
43	蒲桃	白色	春夏间	夏末至初秋
44	山蒲桃	白色	8～9月	翌年1～2月
45	洋蒲桃	白色	3～5月	5～7月
46	香蒲桃	白色	5～6月	翌年3～4月
47	野牡丹	玫瑰红色或紫色	5～7月	10～12月
48	使君子	初为白色，后渐变淡红色	5～10月	6～10月
49	拉关木	白色	秋冬季	秋冬季
50	小叶榄仁		夏至秋季	秋末至冬初
51	木榄	红色	全年	全年
52	秋茄	白色	春秋两季	春秋两季
53	红海榄	淡黄色	春秋两季	春秋两季
54	尖叶杜英	白色	4～5月	9～10月
55	海南杜英	白色	夏季	8～9月
56	山杜英	白色	6～8月	10～11月
57	银叶树	红褐色	夏季	
58	翻白叶树	白色	6～7月	8～12月
59	假苹婆	淡红色	4～6月	5～7月
60	苹婆	粉红色	4～5月	秋季
61	木棉	红色	2～3月	
62	美丽异木棉	淡紫红色	冬季	次年春季
63	大红花	玫瑰红色或淡红、淡黄等色	全年	
64	黄槿	黄色	6～8月	秋末至冬初
65	石栗	白色	4～10月	10～11月
66	五月茶	绿白色	3～5月	6～11月
67	秋枫	淡绿色	3～4月	9～10月
68	重阳木		4～5月	10～11月
69	蝴蝶果	淡黄色	5～11月	5～11月
70	变叶木	白色	9～10月	
71	黄桐		5～6月	8～9月
72	海漆		1～9月	1～9月
73	红背桂	淡黄色	几乎全年	全年
74	山乌桕	黄绿色	4～5月	8～10月
75	乌桕	黄绿色	4～7月	10～11月
76	油桐	白色或基部紫红色	3～4月	8～9月
77	千年桐	白色或基部紫红色	4～5月	9～11月
78	桃	粉红色，罕为白色	3～4月	8～9月
79	梅	白色或淡红色	冬春季	5～6月
80	樱花	白色，稀粉红色	4～5月	6～7月

（续）

序号	树种	花色	花期	果期
81	红叶石楠	白色		
82	碧桃	红色	3～4月	6～7月
83	春花	白色或淡红色	4月	7～8月
84	大叶相思	黄色	7～8月及10～12月	12月至翌年5月
85	台湾相思	黄色	3～8月	7～10月
86	红绒球	淡紫红色	8～9月	10～11月
87	南洋楹	初白色，后变黄	4～7月	
88	银合欢	白色	4～7月	8～10月
89	红花羊蹄甲	红紫色	全年，3～4月为盛花期	
90	羊蹄甲	淡红色	9～11月	2～3月
91	宫粉羊蹄甲	粉红色，有紫色条纹	1～3月	4～5月
92	翅荚决明	黄色	11～翌年1月	12月至翌年2月
93	双荚槐	金黄色	10～11月	11月至翌年3月
94	腊肠树	黄色	6～7月	翌年5～6月
95	铁刀木	黄色	7～12月	1～4月
96	黄槐	鲜黄至深黄色	全年	全年
97	凤凰木	红色	5月	10月
98	格木	淡黄绿色	3～4月	10～11月
99	仪花	白色或紫堇色	5～7月	9～10月
100	无忧树	橙黄色	夏季	秋季
101	蔓花生	金黄色	春季至秋季	
102	猪屎豆	黄色	9～12月	9～12月
103	降香黄檀	淡黄或乳白色	3～4月	10～11月
104	龙牙花	深红色	6～11月	6～11月
105	鸡冠刺桐	深红色	4～7月	9～10月
106	刺桐	红色	3月	8月
107	海南红豆	黄白色略带粉红	7～8月	冬季成熟
108	水黄皮	白色	5～6月	8～10月
109	枫香		2～4月	10月
110	红花檵木	紫红色	4～5月	9～10月
111	米老排		4～5月	10～11月
112	红苞木	紫红色	12月下旬至翌春3月	9～10月
113	黧蒴	乳黄色	4～6月	11～12月
114	红锥	淡黄色	4～5月	11～12月
115	木麻黄		5月	7～8月
116	朴树	黄绿色	4月	9～10月
117	木菠萝		2～3月	7～8月
118	构树		4～5月	7～9月
119	高山榕		3～4月	5～7月
120	垂叶榕		8～11月	7～9月
121	榕树		5月	7～9月

（续）

序号	树种	花色	花期	果期
122	黄金榕		4～5月	7～9月
123	笔管榕		4～6月	翌年2～4月
124	斜叶榕	白色	冬季至翌年6月	冬季至翌年6月
125	大叶榕	黄色或红色	4～8月	4～8月
126	铁冬青	黄白色	5～6月	9～11月
127	楝叶吴茱萸	黄白色	夏季	冬季
128	九里香	白色	4～8月	9～12月
129	麻楝	黄色带紫	4～5月	8～9月
130	非洲桃花心木	花瓣黄色，花盘红色	4～5月	翌年5～7月果熟
131	苦楝	淡紫色	4～5月	10～11月
132	复羽叶栾树	黄色	7～9月	8～10月
133	鸡爪槭	紫色	5月	9月
134	人面子	白色	5～6月	7～9月
135	杧果	淡黄色或白色	春季	5～8月
136	喜树	淡绿色	5～7月	9～11月
137	幌伞枫	淡黄色	10～12月	2～3月
138	鸭脚木	乳黄色	11～12月	12月至翌年3月成熟
139	锦绣杜鹃	玫瑰紫色	4～5月	9～10月
140	映山红	红色	2～4月	7～9月
141	人心果	白色	夏季	9月
142	桐花树	白色	10～12月	10～12月
143	灰莉	花冠白色	5月	10～12月
144	小叶女贞	白色	5～7月	8～11月
145	软枝黄婵	黄色	春、夏季	冬季
146	糖胶树	黄白色	秋季	9～10月
147	海芒果	红色	3～10月	7月至翌年4月
148	长春花	紫色	几乎全年	几乎全年
149	狗牙花	白色	5～11月	秋季
150	夹竹桃	红色或黄色	几乎全年，夏秋最盛	冬春季
151	红花鸡蛋花	红色	5～10月	7～12
152	栀子花	白色或奶黄色	3～7月	5月至翌年2月
153	龙船花	红色或红黄色	5～7月	9～11月
154	猫尾木	黄色，有红紫色条纹	秋季	4～5月
155	蓝花楹	深蓝色或青紫色	5～6月	9～12月
156	火焰木	橙红色，中心黄色	3～5月和10月至翌年2月	8～9月和翌年6～7月
157	黄花风铃木	金黄色	3～4月	4～5月
158	白骨壤	黄色	7～11月	7～11月
159	假连翘	淡紫色	5～10月	5～10月

参考文献

REFERENCE

[1] 陈策 . 华南优良园林树木图谱 [M]. 广州 : 广东科技出版社，2006.

[2] 陈红跃 . 珠江三角洲风水林群落与生态公益林造林树种 [M]. 百通集团，新疆科学技术出版社，2008.

[3] 陈有民 . 园林树木学 [M]. 北京 : 中国林业出版社，1990.

[4] 陈植 . 观赏树木学 [M]. 北京 : 中国林业出版社，1984.

[5] 广东省林业局，广东省林学会 . 广东省城市林业优良树种及栽培技术 [M]. 广州 : 广东科学技术出版社，2005.

[6] 广东省林业局，广东省林学会 . 广东省 100 种优良阔叶树种栽培技术 [M]. 广州 : 广东科学技术出版社，2003.

[7] 广东省植物研究所，广东植被 [M]. 北京 : 科学出版社，1976.

[8] 祁承经，朱政德，李秉滔等 . 树木学 [M]. 北京 : 中国林业出版社，1994.

[9] 王文卿，王瑁 . 中国红树林 [M]. 北京 : 科学出版社，2007.

[10] 薛聪贤 . 观赏树木 185 种（第 8 辑）[M]. 百通集团，辽宁科学技术出版社，2000.

[11] 中国科学院华南植物研究所 . 广东植物志（第一卷）[M]. 广州 : 广东科技出版社，1987.

[12] 中国科学院华南植物研究所．广东植物志（第二卷）[M]. 广州：广东科技出版社，1991.

[13] 中国科学院华南植物研究所．广东植物志（第三卷）[M]. 广州：广东科技出版社，1995.

[14] 中国科学院华南植物研究所．广东植物志（第四卷）[M]. 广州：广东科技出版社，2000.

[15] 中国科学院华南植物研究所．广东植物志（第五卷）[M]. 广州：广东科技出版社，2003.

[16] 中国科学院华南植物研究所．广东植物志（第六卷）[M]. 广州：广东科技出版社，2005.

[17] 中国科学院华南植物研究所．广东植物志（第七卷）[M]. 广州：广东科技出版社，2006.

[18] 中国科学院中国植物志编辑委员会．中国植物志 [M]. 北京：科学出版社，1977.

中文名索引

Index to Chinese Names

学名索引

Index to Scientific Names